本专著受国家自然科学基金项目"基于知识自动化理论的变电站健康运行方法研究（U1804149）"支持
受"华北水利水电大学高层次人才科研启动项目"资助
受2018年度校级教学团队"电力系统分析教学团队"项目支持

多电机共直流母线建模与节能控制技术

李继方

U0170616

中国水利水电出版社
www.waterpub.com.cn

·北京·

内 容 提 要

　　本书以多电机共直流母线系统为研究对象，依据系统节能的思想，从系统基本结构出发，开展基础研究。根据耗能状态电机不能完全吸收制动状态电机再生电能的不同的处理方法，对多电机共直流母线系统进行分类，给出不同系统的系统结构。通过分析系统组成，得出系统广义模型。然后研究多电机共直流母线系统建模方法，逐一建立广义模型中各子系统的混杂模型，进而得到系统整体模型，以该模型为基础开展多电机协调调度及能量管理研究。最后以西门子公司开发的 S120 伺服控制驱动系统为基础建立多电机共直流母线系统的实验系统，开展系统实验研究，并通过所建模型以多起重机系统为背景，仿真研究系统性能。既从系统角度研究了混杂系统的建模方法，建立了多电机共直流母线混杂系统模型，又针对具体传动设备研究了开关变换器切换系统的统一建模方法。本书既可作为相关专业研究生、科研人员学习参考用书，也可作为从事电机传动系统节能的工程技术人员学习、设计参考用书。

图书在版编目（ＣＩＰ）数据

多电机共直流母线建模与节能控制技术 / 李继方著
. -- 北京 : 中国水利水电出版社，2020.5
ISBN 978-7-5170-8764-9

Ⅰ．①多… Ⅱ．①李… Ⅲ．①母线—研究 Ⅳ.
①TM645.1

中国版本图书馆CIP数据核字(2020)第149510号

书　　名	多电机共直流母线建模与节能控制技术 DUO DIANJI GONG ZHILIU MUXIAN JIANMO YU JIENENG KONGZHI JISHU
作　　者	李继方 著
出版发行	中国水利水电出版社 （北京市海淀区玉渊潭南路 1 号 D 座　100038） 网址：www. waterpub. com. cn E - mail：sales@waterpub. com. cn 电话：(010) 68367658（营销中心）
经　　售	北京科水图书销售中心（零售） 电话：(010) 88383994、63202643、68545874 全国各地新华书店和相关出版物销售网点
排　　版	中国水利水电出版社微机排版中心
印　　刷	清淞永业（天津）印刷有限公司
规　　格	170mm×240mm　16 开本　10.5 印张　206 千字
版　　次	2020 年 5 月第 1 版　2020 年 5 月第 1 次印刷
定　　价	58.00 元

序

    李继方教授的《多电机共直流母线建模与节能控制技术》一书系统深入地研究了多电机共直流母线系统的节能控制问题，从系统基本结构出发，开展基础研究；根据耗能状态电机不能完全吸收制动状态电机再生电能的不同的处理方法，对多电机共直流母线系统进行分类，给出不同系统的系统结构；通过分析系统组成，得出系统广义模型，并建立了多电机共直流母线混杂系统模型；以该模型为基础开展多电机协调调度及能量管理研究。

    作者在上海海事大学攻读博士学位期间，努力学习，刻苦专研，在其博士论文研究领域取得了丰硕的研究成果。《多电机共直流母线建模与节能控制技术》一书是这些研究成果的结晶，出版社慧眼识珠，将该书编辑出版，填补了多电机系统节能与能量管理图书的空白。

    节能减排是应对全球能源短缺和气候变化的主要途径之一，也是我国经济可持续发展的战略举措。本书的出版可供相关领域的研究者和工程技术人员学习参考，也可为管理与决策人员提供借鉴。

2020 年 3 月 22 日

前　言

　　节能减排是社会发展的长远方针，也是当前的紧迫任务。吸收和利用电机制动再生电能已成为电机系统节能的重要途径。为回收和利用电机制动再生的电能，多电机共直流母线系统应运而生。虽然共直流母线系统在生产实际中已得到广泛应用，但对系统的基础研究还非常薄弱，致使系统在使用过程中还存在节能效率不高、有时不能正常运行等问题，因此建立多电机共直流母线系统模型，开展系统能量管理及多电机协调调度的研究，不仅具有广泛应用前景，而且具有重要的科学意义。

　　以国家自然科学基金河南联合基金项目《基于知识自动化理论的变电站健康运行方法研究》（项目批准号：U1804149）为依托，以港口变电站健康运行为基础，以港口多起重机共直流母线为研究对象，用系统节能的观点，从系统的结构出发，重点研究多电机共直流母线系统的建模与健康运行方法。通过引入广义模型的概念，采用混杂系统理论逐一建立各子系统的混杂模型，进而得到系统的整体模型。通过引入混杂自动机理论，把对电路的控制转换成对储能系统不同状态转移条件的控制，提出基于混杂自动机理论的储能系统能量管理策略模型。通过对电机分布均匀度的定义，建立了基于扩展活动周期图的多电机共直流母线节能系统模型，提出了基于均匀分布理论的多电机协调调度算法。该调度算法能有效调度电机工作状态，使处在制动状态电机再生的电能最大限度地被处在耗能状态电机吸收和利用，实现系统节能，并保持了直流母线电压和功率的稳定，保障变电站的健康运行。

　　作者多年来一直从事多电机共直流母线系统的混杂系统建模与节能调度、电力电子系统的切换系统建模与智能控制、电力系统及其装置故障诊断与健康运行等方面的研究，主持和参与（主要完成人）本研究方向的项目十多项。师从汤天浩教授已 12 年，恩师多年来对我教学和科研给予了悉心指导，对我家庭给予莫大的帮助，在此表示衷心的感谢！感谢科研团队及其成员为项目的顺利完成所付出的辛苦劳动，同时也感谢他们多年来给予的大力支持和帮助！

本书受华北水利水电大学高层次人才科研启动项目资助。

本书可作为港口和油田、多起重机等间歇用电场合的工作技术人员和电力电子装置及系统的故障诊断与健康运行等相关科研人员的参考用书。由于作者学术水平和实践经验有限，书中难免有错误之处，恳请批评指正。

作者

2019 年 9 月

主要变量符号

R_b：耗能电阻

U_b：控制单元动作电压阈值

P_{maxb}：系统最大回馈功率

P_{avb}：系统平均回馈功率

a：电阻降额系数

P_{rb}：回馈单元功率

I_{PM}：控制单元最大工作电流

P_{db}：双向变换器功率

E_{smax}：系统最大储能容量

U_{scmax}：超级电容饱和电压

U_{scmin}：超级电容放电最小电压

η_r：系统整流单元效率

η_e：电机系统电动效率

η_b：电机系统制动效率

E_{store}：系统存储能量

E_{out}：系统输出能量

$E_{savemax}$：最大节能量

$E_{savemin}$：最小节能量

$\eta_{savemax}$：最大节能效率

$\eta_{savemin}$：最小节能效率

$i_{RE}(t)$：整流子系统瞬时电流

$i_{SD}(t)$：储能子系统瞬时电流

$u_c(t)$：电容电压

$P_{MM}(t)$：多电机子系统瞬时功率

$x(t)$：状态变量

$u(t)$：输入变量

$y(t)$：输出（或量测）变量

$\sigma(t)$：取值于 $\overline{\mathbb{N}}^{def} = \{1,2,3,\cdots, N\}$ 的逐段常数信号

$F \in R^{n \times n}$：储能元件相关对角阵

$A_{\sigma(t)} \in R^{n \times n}$：与电路参数和开关器件状态有关矩阵

R_0、R^p：耗能元件矩阵

S_0、S^p：状态变量与开关器件状态关系矩阵

B_0、B^p：输入变量输入矩阵

$\sum_i$：第 i 个子系统

α_i：第 i 个子系统的占空比

β_i：第 i 子系统在切换平衡点的占空比

β_{eq}^p：第 p 对开关在切换平衡点的占空比

k_i^p：第 i 个子系统第 p 对开关状态

x_{eq}：切换平衡点

Ω_i：第 i 个子系统的能量衰减域

i_{leq}：切换平衡点的电感电流

P_{source}：网侧供电功率

P_{motor}：电机耗能功率

$P_{storage}$：储能系统功率

C_{sc}：理想超级电容

R_{ESR}：超级电容等效串联内阻

R_{EPR}：超级电容等效并联电阻

u_{dc}：直流母线电压

u_{dceq}：切换平衡点直流母线电压

u_{sc}：超级电容电压

$\eta_{recycling}$：制动能量回收率

Δu_{dc}：直流母线电压波动峰值之差

Δu_{sc}：超级电容储能系统一次充放电前后端电压差值

I_{scmax}：超级电容最大充放电电流

U_{high}：状态 S_2 转移到状态 S_1 时电压阈值

U_{high0}：状态 S_1 的恒定参考电压

U_{low0}：状态 S_3 转移到状态 S_2 时的 u_{dc} 参考电压

U_{ihigh}：状态 S_2 转移到状态 S_3 的电压阈值

U_{ilow}：状态 S_4 的恒定参考电压

U_{low}：状态 S_3 转移到状态 S_4 的电压阈值

$P_{ji}(t)$：第 i 个临时实体在第 j 个状态的资源占用量

$T_{ji}(t)$：第 i 个临时实体在第 j 个状态的持续时间

$S_{ji}(t)$：第 i 个临时实体在第 j 个状态的状态标识

C_i^k：第 i 个临时实体与第 k 个永久实体的关联标识

$Q_k(t)$：第 k 个永久实体的资源量

Q_{max}^k：第 k 个永久实体最大资源量

$P_c(t)$：逆变器损耗功率

$P_{em}(t)$：电机损耗功率

$P_m(t)$：机械损耗功率

$P_k(t)$：动能功率

$P_p(t)$：势能功率

η_c：逆变器效率

η_m：机械传动效率

η_{eq}：起重机系统的等效效率

J_m：被拖动对象的转动惯量

J_e：电机系统自身的转动惯量

V_s：定子侧电压

R_s：定子侧电阻

L_s：定子侧电感

L_r：转子侧电感

R_r：转子侧电阻

L_m：定子侧磁化电感

T_m：电机整个周期平均运行时间

B：电机分布均匀度

w_i：第 i 个电机系统功率的加权

A：加权系数

ΔB：电机分布均匀度变化量

Δt_i：第 i 个电机协调调度时间

T_e：拖动电机的电磁转矩

J_{eq}：等效转动惯量

T_L：负载等效阻力矩

J_0：负载电机的转动惯量

T_L'：模拟实际负载转

目　　录

序

前言

主要变量符号

第1章　绪论 …………………………………………………………… 1

1.1　课题背景与研究意义 …………………………………………… 1

1.1.1　研究背景 …………………………………………………… 1

1.1.2　技术需求 …………………………………………………… 3

1.2　多电机共直流母线系统的应用与研究现状 …………………… 3

1.2.1　系统节能与多电机共直流母线系统 ……………………… 3

1.2.2　多电机共直流母线系统的应用 …………………………… 6

1.2.3　多电机共直流母线系统的研究现状 ……………………… 7

1.2.4　多电机共直流母线系统存在的问题 …………………… 10

1.3　本书的主要内容 ……………………………………………… 11

1.3.1　本书的结构与框架 ……………………………………… 12

1.3.2　各章主要内容 …………………………………………… 13

第2章　系统结构与广义模型 …………………………………… 15

2.1　多电机共直流母线系统的组成及特点 ……………………… 15

2.1.1　交-直-交变频器共直流母线时的连接问题 …………… 15

2.1.2　多电机共直流母线系统的组成 ………………………… 15

2.1.3　多电机共直流母线系统的特点 ………………………… 16

2.2　多电机共直流母线的系统结构 ……………………………… 17

2.2.1　耗能系统结构 …………………………………………… 17

2.2.2　馈能系统结构 …………………………………………… 20

2.2.3　储能系统结构 …………………………………………… 22

2.3　基于多电机协调调度的储能系统结构 ……………………… 24

2.3.1　不同系统结构能流分析 ………………………………… 24

2.3.2　不同系统结构性能对比 ………………………………… 27

　　2.3.3　在储能结构系统中引入多电机协调调度 ……………………… 28

　2.4　系统广义模型 ………………………………………………………… 29

　　2.4.1　多电机共直流母线系统广义模型 ………………………………… 30

　　2.4.2　基于多电机协调调度的储能系统结构广义模型 ……………… 32

　2.5　采用混杂系统建模的原因及其建模方法 …………………………… 33

　2.6　本章小结 ……………………………………………………………… 35

第3章　基于切换系统的电力电子装置统一建模方法 ……………………… 36

　3.1　开展基于切换系统的电力电子装置建模方法研究的意义 ………… 36

　3.2　切换系统原理 ………………………………………………………… 37

　　3.2.1　切换系统的概念与特点 …………………………………………… 37

　　3.2.2　切换系统建模方法 ………………………………………………… 38

　3.3　开关变换器切换系统统一建模方法 ………………………………… 39

　　3.3.1　开关变换器切换系模型 …………………………………………… 39

　　3.3.2　系统稳定性与切换律 ……………………………………………… 40

　　3.3.3　开关变换器切换系统模型的统一建模方法和步骤 …………… 44

　3.4　开关变换器的切换系统模型 ………………………………………… 47

　　3.4.1　DC-AC变换器的切换系统模型 ………………………………… 47

　　3.4.2　三电平DC-DC变换器的切换系统模型 ………………………… 49

　3.5　不可控整流器的切换系统模型 ……………………………………… 53

　　3.5.1　整流器的等效电路 ………………………………………………… 53

　　3.5.2　整流器的切换系统模型 …………………………………………… 54

　3.6　本章小结 ……………………………………………………………… 58

第4章　储能子系统切换系统建模及能量管理策略 ………………………… 59

　4.1　储能子系统建模与系统能量管理的必要性 ………………………… 59

　4.2　储能子系统切换系统模型 …………………………………………… 60

　　4.2.1　多电机共直流母线储能子系统结构 ……………………………… 60

　　4.2.2　多电机共直流母线储能子系统等效电路 ……………………… 61

　　4.2.3　多电机共直流母线储能子系统切换系统模型 ………………… 63

　　4.2.4　储能子系统切换控制律 …………………………………………… 65

　　4.2.5　储能子系统储能和放电的仿真研究 …………………………… 66

　4.3　系统能量管理策略 …………………………………………………… 70

　　4.3.1　能量管理策略的目标 ……………………………………………… 70

　　4.3.2　基于混杂自动机的能量管理策略模型 ………………………… 72

　　4.3.3　系统能量管理策略的仿真研究 ………………………………… 80

4.4　本章小结 ··· 85

第5章　多电机子系统动态活动周期图模型与协调调度 ······· 86
5.1　多电机子系统建模的必要性及采用活动周期图法建模的原因 ··· 86
5.1.1　多电机子系统建模及开展多电机协调调度的必要性 ··· 86
5.1.2　采用活动周期图法建模的原因 ························· 87
5.2　动态活动周期图建模方法································· 88
5.2.1　稳态活动周期图 ································· 88
5.2.2　活动周期图的新扩展——动态活动周期图 ············· 89
5.2.3　动态活动周期图的建模步骤 ····················· 92
5.3　多电机子系统动态活动周期图模型 ····················· 92
5.3.1　多电机子系统活动周期图 ························· 92
5.3.2　实体资源量 ································· 95
5.4　电机系统功率 ·································· 97
5.4.1　电机系统回馈功率 ····························· 97
5.4.2　电机系统耗能功率 ····························· 99
5.4.3　起重机系统能流分析 ··························· 100
5.5　基于均匀分布理论的多电机协调调度算法 ··············· 103
5.5.1　基于活动周期图的多电机调度机理 ··············· 103
5.5.2　基于均匀分布理论的协调调度算法 ··············· 105
5.6　多电机子系统动态活动周期图模型仿真方法 ············· 109
5.6.1　动态活动周期图模型的仿真方法 ··············· 109
5.6.2　电机状态持续时间的产生 ····················· 110
5.7　本章小结 ····································· 111

第6章　多电机共直流母线实验系统与实验仿真研究 ········· 112
6.1　多电机共直流母线实验系统设计 ····················· 112
6.1.1　S120技术要点 ································· 112
6.1.2　实验系统设计 ································· 113
6.1.3　负载模拟设计 ································· 115
6.2　实验研究 ····································· 118
6.2.1　实验系统的实验研究 ··························· 118
6.2.2　多电机系统实验与仿真 ························· 124
6.2.3　多电机协调调度实验研究 ····················· 128
6.3　多电机共直流母线系统仿真分析 ····················· 130
6.3.1　多电机共直流母线系统仿真模型与仿真参数 ········· 131

    6.3.2 多电机系统直流母线功率仿真分析 ·············· 132

    6.3.3 加入储能系统与能量管理后多电机共直流系统仿真分析 ·········· 135

    6.3.4 协调调度后多电机共直流母线系统的仿真分析 ·············· 136

  6.4 本章小结 ··· 142

第7章 总结与展望··· 143

  7.1 研究工作总结 ··· 143

  7.2 研究展望 ··· 144

参考文献 ··· 146

第1章 绪 论

本章从研究背景、技术需求两个方面阐述了开展多电机共直流母线混杂系统建模、能量管理与多电机协调调度研究的意义，回顾了系统节能的概念以及多电机共直流母线系统的产生，概述了系统的研究现状以及存在的问题。本章最后对本书的主要研究内容及研究框架作了介绍。

1.1 课题背景与研究意义

1.1.1 研究背景

能源是人类生活和社会发展所依赖的重要资源。随着社会的发展和人们生活水平的提高，人类对能源的需求越来越大。世界人口由 20 世纪初的 15.7 亿到 20 世纪末的 60 亿，增长了 2.8 倍，而能量总消耗量由 7.7 亿 t 增长到 210 亿 t，增长了 27 倍，人均消耗量增长了近 4 倍，使消耗总量呈现指数上升。从已知储量测算，煤炭我国可开采不足 100 年，全世界不足 300 年；石油、天然气我国可开采 50 年，全世界不足 100 年，能源短缺已是全人类所面临的重大问题之一[1,2]。

从能源占有量来看，我国人口众多，能源资源相对匮乏已是一个不争的事实。我国人口占世界总人口的 21%，已探明的煤炭储量占世界储量的 11%、原油占世界储量的 2.4%、天然气仅占世界储量的 1.2%。人均能源资源占有量不到世界平均水平的一半，石油仅为 1/10[3]。

从能源供需关系来看，我国尽管加大了能源开发和节能的力度，但仍有较大的需求缺口，需要依靠进口能源来解决。在采用先进技术、推进节能、加速可再生能源开发利用以及依靠市场力量优化资源配置的条件下，2018 年约缺能 18.7%，到 2050 年能源缺口将增大到 24% 左右。随着我国工业化、城镇化的快速发展，能源供需矛盾更显突出[4]。

从能源利用率来看，我国的能源利用效率与世界先进水平相比存在较大差距，单位 GDP 能耗比世界平均水平高 2.4 倍，比美国、欧盟、日本分别高 2.5 倍、4.9 倍、8.7 倍[5]。

因此无论是从我国的资源形势，还是从经济发展的需求来看，目前我国能源利用效率低、消耗高、浪费大，能源匮乏与环境承载能力弱，能源供需矛盾突出是制约我国经济发展的主要瓶颈，节能减排和开发新能源是未来发展的必然之路[6,7]。《中华人民共和国节约能源法》指出：节能减排既是我国经济社会发展的一项长远战略方针，也是当前一项紧迫的任务。我国已经明确"十三五"期末单位国内生产总值能源消耗要比"十二五"期末降低 15%，将节能减排目标与经济增长目标放在同等重要的位置上[8]。当前我国正进入整体节能时代，节电产业已上升为 21 世纪我国最重要的国家战略之一。

海运承载着世界贸易总量的 2/3，作为沟通海运和其运输方式的集装箱码头，已成为物流、资金流、信息流的交汇中心。随着港口生产快速发展，港口自动化、现代化、机械化进程不断推进，电力消耗量大、电能污染严重等问题日益明显，港口节能已成为我国节能减排的一个重点。为建设资源节约型、环境友好型水路交通，按照国务院有关节能减排工作的要求，交通部相继发布实施了一系列行业节能减排指导意见。尽管随着生产规模化、专业化程度的提高，港口能源单耗已呈下降趋势，但仍存在较大的节能减排空间。

图 1.1 为国内某个集装箱码头的生产耗能情况。港口的装卸生产能耗占港口总能耗比例最大，是影响港口能耗的最大因素。如集装箱码头：生产用能占总能耗的 80% 以上，而生产用能中，主要装卸设备（岸桥、场桥）用能量最大，其中岸桥用电就占装卸生产用能量的 20%～30%。如果通过共用直流母线技术，将岸桥和场桥工作中的再生能量加以回收，而不回馈电网，不但可以减小电网负担，又可以节约电能，更可以减小对电网的谐波污染[9]。

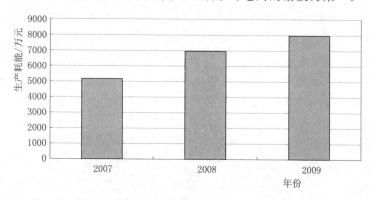

图 1.1　国内某个集装箱码头的生产耗能情况

全自动化码头是港口自动化的发展趋势，一经提出，备受世界各国关注，也成为人们研究的热点。全自动化码头为港口节能提供了广阔的空间，也为多电机协调调度节能提供了平台[10]。因此开展多电机共直流母线混杂系统建模、能量管理与多电机协调调度研究，对于降低港口能源单耗，实现资源节约、环境友好的水路交通具有重要的意义。

1.1.2 技术需求

在港口起重机的作业过程中,当起重设备所驱动的负载(重物)下降时,重物释放储存的势能,通过机械传动系统,驱动电机,使电机运行在第二或第四象限,处在制动发电状态;或当重物从高速到低速(含停车)减速时,由于重物、机械传动系统、电机的机械惯性,电机也有可能运行在第二或第四象限,处于制动发电状态。

在工农业生产和人们生活中,许多电气设备需要快速的减速或停止,要求电机频繁的启动和制动,如油田瞌头机、脱水机、拉丝机、离心机、比例连动控制系统等,由于机械设备及大型电机的惯性,将会带动电机运行在第二或第四象限,处于制动发电状态。

该部分电机制动再生的电能反馈到电机传动系统中,会产生泵升电压,造成设备损坏。为了避免上述问题发生,长期以来人们没有将该部分能量充分利用,而是白白将其浪费掉,这与我国目前提出的节能战略格格不入[11-15]。

研究表明,这部分被白白浪费掉的再生电能非常大,如在港口起重机系统中,起重电机再生电能是系统提升重物消耗电能的 37%～63%[16];在采油系统中,抽油机用电机有 33.67% 的时间处于发电状态,发电量占总用电量的 12.85%[17];在轨道交通中,电力机车回馈再生能量一般为牵引能量的 30%～40%,甚至更多[18]。如果能将这部分电机制动时再生的巨大能量充分利用起来,系统的节能效果将会非常可观。

为了回收并利用这部分巨大的再生电能,人们采用共用直流母线技术,通过共用的直流母线,使耗能状态电机吸收并利用制动状态电机再生的电能。目前对共用直流母线技术的研究比较薄弱,可以说刚刚起步,还缺乏全面的、整体的、系统的深入研究。系统在运行过程中还存在诸多问题,如共用直流母线技术后系统的可靠运行、电机制动再生电能的回收、共直流母线系统方案的设计、节能效率的进一步提高、直流母线功率波动的减小等,因此开展多电机共直流母线系统的建模、能量管理与多电机协调调度研究具有重要的意义。

1.2 多电机共直流母线系统的应用与研究现状

1.2.1 系统节能与多电机共直流母线系统

1.2.1.1 系统节能

在工业生产中,人们只习惯于研究如何提高生产装置中单台设备的性能和运行效率,实际上任何一个生产过程或生产装置,总是由各类设备,包括电气的、机械的、仪表的等有机组合起来，是一个既相互关联又相互制约，进而协调工作的整体。孤立地去研究系统中某一单体设备的节能，不仅节能效果有限（例如，用高效 YX 型电机代替 JO2 型电动机，额定效率只能提高 2%～4%，即使采用各种电机节能控制器，也只能把电机的运行效率再提高 2%～3%），而且有时某些节能措施还可能对装置中其他设备或生产过程产生不良影响。

大量事例分析表明，能量损失往往不是由于单台设备的效率不高，而是由组成系统的结构不合理或运行环节间相互影响所造成。有时组成系统的各个单台设备可能都是高效低耗的先进设备，但由于结构不合理或者在运行、调节过程中，设备间相互制约的影响，可能整体效率较低，造成的浪费要比单台设备所造成的浪费多得多。反之，有时组成系统的各单台设备效率可能不高，但通过合理的综合、统一和协调调度却可以大幅提高系统的节能效率，以较少的投资取得较好的节能效果。

基于此思想，人们提出了系统节能的概念。依据这一概念，在工业生产中的任何一个生产装置或过程都可以看成是一个系统，都是由一些环节或功能元件有机组合在一起并具有特殊功能的整体；这个整体在完成某项操作或实现某个生产过程时，都是由这些功能元件联合并相互协调共同完成的。所谓系统节能，就是通过对具体系统的分析、综合，从整体出发，采取具体节能技术措施，在满足同样需要和完成相同任务的条件下，尽可能多地回收利用设备回馈能量，降低能量供给，减小无谓损耗，提高系统电能的有效利用率。

系统节能的方法一般有两种：

（1）设备节能，指的是科研单位、制造厂家通过使用新工艺、新材料和新技术研制一种高效低耗的节能产品，这不是本书的研究对象。

（2）系统节能，就是在分析和综合的基础上，通过对给定系统的改造、合理运行和科学管理等方法的节能。这里所说的系统分析、综合主要是指弄清楚给定系统的结构是否合理；系统中各功能元件及相互关系对系统影响的程度；弄清楚系统中能量消耗是否合理，有没有浪费，设备回馈的能量是有效利用等，以便能从整体出发，采取合理、行之有效的节能措施，这正是本书的研究重点。

1.2.1.2 多电机共直流母线系统的提出

多电机共直流母线系统就是基于系统节能的思想而产生的。

随着电力电子技术的发展，高性能交流调速系统应运而生。交流电机与直流电机相比具有突出的优越性能，如直流电机具有换向器和电刷，因而必须经常检查维修，换向火花使它的应用环境受到限制，换向能力限制了直流电机的容量和速度等，采用交流电机代替直流电机应用于调速系统已成为电力拖动技术发展的一种趋势。目前交流传动系统被广泛应用在各类工业系统中，其系统结构如图 1.2 所示。

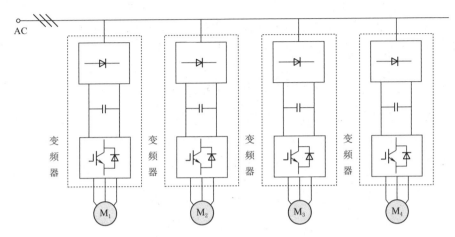

图 1.2　多电动机交流传动系统

然而，在有多台交流电机传动的工农业生产系统中，每台交流电动机都要使用一台变频器来驱动，每台变频器都包含有整流和逆变两个单元，这种传动方式设备多，传动效率低，很不经济。在许多生产线上，存储了大量待释放的机械能，电机制动再生的电能要不断回馈电网或消耗在耗能电阻上。为了回收并利用这部分电能，达到节能、提高设备运行可靠性、减少设备投资量和设备占地面积等目的，人们提出了多台电动机公用直流母线的传动方式，系统结构如图 1.3 所示。

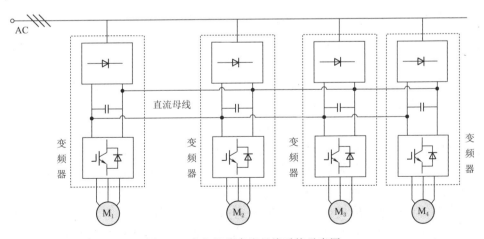

图 1.3　多电机共直流母线系统示意图

多电机共直流母线系统就是通过共用的直流母线和多电机的协调工作，使耗能状态电机最大限度吸收制动状态电机再生电能，实现系统节能，提高系统性能的一种节能方式。由于该方式节能环保，既可在原有变频器的基础通过改造实现，也可按照新的多电机共直流母线结构组成系统，原理简单、实现方便，一经提出，在工业上迅速得到了应用。

1.2.2　多电机共直流母线系统的应用

多电机共直流母线系统广泛应用在工农业生产的各行各业的多电机传动场合，如起重设备、造纸业、炼钢工业、电力推进船舶等。在人们的生活中应用也很广泛，如轨道交通，多电梯系统等[19]。

1.2.2.1　在起重机行业的应用

在现代港口的集装箱装卸作业中，集装箱的提升、加速等过程，提升电机都会需要很大的峰值功率，而在集装箱下降、停止时，电机制动又需要回馈电能。电梯在一个上下行的运行周期中，几乎有一半的时间电机处于制动发电状态，这时电梯电机不但不需要消耗电能，而且会再生电能。采用多台起重电机共用直流母线的节能系统可以很好地利用电机再生的电能。文献［20］提出了基于共直流母线技术的轻型电动轮胎式集装箱门式起重机（ERTG）系统方案，实用表明该系统提高了 ERTG 的能量利用率，节能效果良好。文献［21］设计了一种共直流母线供电的起重机动力系统，该系统仅配置常规动力 1/2 的功率，降低系统运行成本。

目前在多起重设备共直流母线系统中，为了充分利用起重设备制动时再生的电能，在起重设备系统中设置储能系统，不仅吸收起重设备制动时的再生电能，而且在电网停电、发生瞬时电压跌落或中断时，储能系统还可以为直流母线提供一定时间的能量支撑。具有超级电容储能系统的轮胎式集装箱起重机（RTG）已经在中国上海外高桥、中国天津港、美国西雅图等地使用，其节能与环保效果都很理想[16]，但也表现出运行不稳定、使用寿命短、动态响应差等缺点，究其原因除了超级电容器组自身的因素外，还有对能量回收系统缺少必要的能量管理。目前在高档的电梯内，如在医院、学校等建筑内的电梯内以及发展越来越迅速的摩天大厦里面的电梯内，电梯内也配备了储能系统，以保证人员和货物的安全[22,23]。

港口自动化、现代化、信息化的迅速发展，特别是全自动化码头的出现，为多电机共直流母线系统的应用及多电机的协调调度提供了更广阔的空间。

1.2.2.2 在其他行业的应用

在油田工业中，采油系统广泛使用的抽油机属于提升负荷，在上下冲程交替变换的过程中，存在抽油负载带动电机运转、使电机处于制动发电状态的情况。为回收并利用这一部分能量，人们通过共用的直流母线将抽油机连接起来，组成多电机共直流母线系统，实现系统节能。

在造纸行业中，要用到很多导纸辊传动电机。由于导纸辊经常会工作在制动状态，为了回收并利用导纸辊电机制动再生的电能，在生产实际中将多导纸辊传动系统组成多电机共直流母线系统，既处理了再生电能又达到了节能的目的。

轨道交通中，由于轨道交通站间距比较短，需要牵引电机频繁的启动、制动，为回收电机制动再生的能量，目前轨道交通已普遍采用共直流母线技术，但其制动形式仍采用以耗能制动为主、空气制动为辅的制动方式。通过共用的直流母线设置具有吸收制动再生电能的储能系统，以节约轨道交通用电，已经成为轨道交通牵引供电技术的发展方向。当车辆制动时，能量存储系统吸收牵引直流母线系统中不能被耗能车辆吸收的电能，在车辆起动或加速时，能量存储系统将能量从存储系统输送回牵引直流母线电网系统中，在直流母线空载状态下，储能系统从牵引直流母线系统吸收一部分能量，补充车辆在起动或加速时的峰值功率需求[24-26]。可见，通过共直流母线技术既保持了直流电压的稳定，又节约了电能[27-29]。

目前，储能系统已在德国、西班牙、美国等多个国家的地铁或高速铁路上进行了运行或试运行。在我国北京地铁 5 号线也采用了 4 套电容储能式再生电能吸收装置，也是国内首批采用电容吸收方式的系统。

除了以上提到的应用以外，多电机共直流母线系统在离心机、冶炼、化工、印染等多个行业也都有应用实例。

1.2.3 多电机共直流母线系统的研究现状

虽然多电机共直流母线系统已在多个领域得到了应用，但对其的研究还主要集中于变频器的连接形式及其配置方案上，文献［30］研究了两台变频器在不同连接形式下的预充电、电动耗能、制动回馈等状态的运行过程，提出通过选择合适部件来避免共直流母线后一些问题的发生。文献［31］和文献［32］选用电压型 PWM 整流器作为直流母线系统的供电电源，通过 Simulink 对简单的直流母线系统进行模拟，根据负载的变化情况估算整流器容量。总体来说对多电机共直流母线系统的研究比较薄弱，还不成体系，缺乏全面的、整体的、系统的深入研究。

1.2.3.1 系统结构

多电机共直流母线系统有许多优点，也有一些不足，其中最主要问题是当耗能状态电机不能完全消耗制动状态电机再生电能时，将会引起直流母线电压升高，造成设备无法运行或损坏，为解决这一问题，目前出现了三种处理方法：第一种是通过电子开关并接耗能电阻，将不能被耗能状态电机完全吸收的电能通过耗能电阻消耗掉；第二种是通过逆变器或具有回馈功能的整流器将该部分电能回馈交流电网；第三种是通过储能装置[33-37]，先将该部分电能储存起来，然后根据直流母线功率的需要再送回直流母线。目前虽然出现了三种不同的处理方法，但未给出具体的系统分类方法，未对不同系统的系统结构、系统组成及系统性能进行具体的、系统的深入分析。

1.2.3.2 系统建模

从文献来看，对多电机共直流母线系统的建模研究较少，文献［30］建立了两台变频器带预充电回路的整流器前端模型，分析不同共直流母线方式下预充电、电动和发电过程，而对多电机共直流母线系统整体建模的研究未见文献报道。

分析多电机共直流母线系统的运行过程，可以发现，系统中电机的状态在不同工况下是相互独立的离散状态行为，是离散事件，而多电机共用的直流母线电压和电流却是连续的，是连续状态行为，因此多电机共直流母线系统是一种典型混杂动态系统。混杂系统理论自 1986 年美国高级控制会议提出以来，已经成为一个新的研究热点[38]，已有许多学者开展了混杂系统理论在电力系统的应用研究，并取得了丰硕成果[39-41]。文献［42］提出了电力系统运行电压水平取决于系统无功功率的平衡，维持电网正常运行下无功功率平衡是改善和提高电压质量的基本条件。文献［43］从轨迹灵敏度分析角度考虑了参数以及事件触发对系统轨迹的影响。考虑到混杂系统控制策略切换引起参数变化情况更加频繁，文献［44］研究了系统平衡点类型和分叉情况，由于事件需要持续一段时间，文献［45］引入局部定时器来作为事件触发条件，提出了可编程带时标 Petri 网概念，使用该方法研究了四机系统中利用发电机绕组切换以确保零频率误差的控制策略。

针对混杂系统在电力系统的建模研究，文献［46］建立了基于可编程赋时Petri 网技术的混杂电力系统模型，并给出了建立模型的方法和步骤；文献［47］等利用混杂自动机理论和混合逻辑动态理论建立了风力发电机组的混杂模型，设计了基于自动机模型的全程混杂控制系统；文献［48］将对于温度控制的操作约束和温室天窗开关动作等以命题逻辑表述，并将这些命题逻辑转化为混合整数线性不等式，然后引入辅助变量，将辅助变量和不等式约束统一到温度系统的离散状态空间模型中，构成了温室天窗温度混杂逻辑动态模型。而对多电机共直流母线领域的混杂系统建模研究尚未见有文献报道。

1. 电力电子变换器建模

在多电机共直流母线系统中，有诸多电力电子装置，目前已有一些学者开展了电力电子装置的切换系统建模研究[49-54]。文献［49］建立一种二阶 DC - DC 变换器切换系统模型，提出一种类滑模控制策略，并以 Boost 电路为例进行仿真研究；文献［53］建立了 DC - DC 变换器的双线性系统模型，得到一种使系统渐近稳定的控制律，仿真结果验证了控制律的有效性；文献［55］建立了 DC - DC 变换器的切换仿射线性系统模型，根据凸组合稳定条件及无源性理论构造系统切换律。以上研究创新了可控开关器件变换器的建模思路，但研究仅限于一对可控开关器件的 DC - DC 变换器，而对 DC - AC 变换器、多对开关的 DC - DC 变换器，以及不可控开关器件变换器的切换系统建模研究较少。

用于储能系统的双向 DC - DC 变换器，其负载与一般纯电阻负载不同，属于阻容性负载，其端电压随储能量增减而不断变化，这种动态特性使得系统阶次较高，不利于系统稳定性分析。文献［56］是采用"状态空间平均法"建立了降压模式下阻容性负载的双向 DC - DC 变换器等效电路模型。但对阻容性负载的储能系统切换系统建模研究未见文献报道。

2. 多电机系统建模

目前未见有对多电机系统建模的研究。多电机系统整体上更多体现出离散事件动态系统特点，但混杂系统中，常用基于离散事件动态系统的建模方法不能简洁明了地建立该系统模型。考虑到系统中电机状态交替出现的周期属性，以及与直流母线相互作用离散行为，书中采用活动周期图建模方法。活动周期图建模方法在欧洲特别是在英国非常流行，在国内也有学者开展了相关领域研究，特别适用于具状态交替属性系统的建模。文献［57］～文献［60］对活动周期图建模方法进行系统的介绍、分析与讨论，并指出其特点、应用情况及最新发展。目前已开发的仿真软件和软件前端有 ECSL[61]、CASM[62]、DRAFT[63]、CAPS[64]、HOCUS[65]、DEMDS[66]、EZStrobe[67,68]等。为便于活动周期模型仿真，文献［69］提出了一种从活动周期图到 Java 程序的自动编译方法。文献［70］基于活动周期图和赋时 Petri 网建立了柔性制造无人搬运车的系统模型，并对调度前后，无人搬运车平均利用率和利用指数进行对比分析。

但传统活动周期图建模方法只能适用于离散事件系统建模，而要用于多电机系统建模必须对其扩展。

1.2.3.3 多电机协调调度与能量管理

在多电机共直流母线领域，针对多电机的协调调度问题，从文献来看，开展多电机协调调度的研究较少。在国内多电机协调调度节能思想最早在 2005 年由崔桂梅在文献 [71] 中提出。文献 [71] 根据包钢无缝管生产线有十几组翻钢机的实际工况，按照轻起、轻放、快速自动翻钢生产的工艺要求，由 PLC 统一管理、协调组织、合理安排每组变频器工作进程，使变频调速系统中产生的再生能量由工作在耗能状态电机消耗掉，从而实现电机制动再生电能的合理利用，又起到节约电能的功效，而且还减小了制动单元和制动电阻能量吸收装置，节省了资金。但该方法仅适于包钢无缝管生产线的实际工况，可推广性不强。虽然文献 [72] 也提出了一种基本等待时间电梯节能调度算法，但该节能调度算法的基本思想不是充分吸收利用制动状态电机再生电能，而是减小电机运行时间。而国外未见有在多电机共直流母线系统中开展多电机调度研究的文献报道。

针对能量管理研究，近十几年来，随着电网调度自动化系统实用化工作的开展以及我国电网调度自动化专业从业人员持续不懈的努力，能量管理在我国各级调度部门得到广泛应用，应用水平不断提高，在电网运行指挥和生产管理中起到至关重要的作用[73-79]。

对多电机共直流母线系统的能量管理，其主要目的是实现制动能量最大化回收，保持直流母线电压稳定，其实质是对超级电容储能系统的能量管理。目前对储能系统能量管理研究最多的是应用于混合动力汽车的能量管理[80-84]。其目的是解决汽车在行驶过程中所需能量和功率，何时由何种动力合成提供，它不仅实现整车最佳燃油经济性，同时还要兼顾超级电容寿命、驾驶性能、整车可靠性等多方面要求，并针对混合动力汽车各部件特性和汽车运行工况，使发动机、电机、储能系统和传动系统实现最佳匹配。混合动力汽车中能量管理大致可分为两类：一是基于规则的能量管理方法；一是基于控制目标最优化的能量管理方法[82]。而具体的能量管理方法可以采用不同的控制参数来设[85,86]。美国 K. LBulter 等提出一种基于速度的储能系统能量管理策略。国内也开展了这方面的相关研究，其关注重点多在于如何对双能量源进行功率分配，或者如何对储能单元进行管理[87,88]。

1.2.4 多电机共直流母线系统存在的问题

多电机共直流母线系统存在以下问题。

（1）传统多电机共直流母线系统是把变频器的直流端接在一起，形成多台变频器共直流母线结构。采用该结构的系统互联时，必须进行细致分析，采用恰当连接形式,才能达到共享节能效果。如果连接不当,将会大大降低系统可靠性,或造成设备损坏。当互联变频器台数增多时,整个系统分析就会变得复杂而冗长。

(2) 对多电机共直流母线系统结构缺乏整体的、系统性的研究。针对耗能状态电机不能完全吸制动状态电机再生电能,目前虽然出现了三种不同的处理方法,但未对不同系统的系统结构、系统组成及系统性能进行具体的、系统的深入分析。

(3) 为了回收和利用制动状态电机再生电能,人们提出储能节能思想,未开展如何实现制动再生电能最大回收率,保持直流母线电压稳定,减少对超级电容充放电次数的研究,即缺乏对系统能量管理的研究。

(4) 在设计多电机共直流母线系统方案时,不论哪种结构系统,都需要考虑系统的最大耗能功率、最大制动再生功率以及系统的最大储存容量等,这些参数与实际工况有关。常用取值方法不考虑具体工况,取其最大值。该方法较为保守,设计系统方案时,成本较高,设备利用率低。

(5) 当多台电机共用直流母线时,一台电机制动再生能量可以被另一台耗能状态电机吸收,实现系统节能,但当电机制动再生能量不能被完全吸收时,将引起直流母线电压泵升,系统无法正常运行。为避免该问题的出现,常用的几种处理方法中,不论采用何种结构,均会产生设备损耗,降低系统节能效果。

(6) 多电机共直流母线系统运行时,由于电机状态的随机性,存在着电机耗能和制动状态的不确定性,可能会出现多台电机同时耗能、同时制动现象,使得直流母线功率波动幅度较大,造成直流母线电压也产生较大波动。

(7) 由于多电机共直流母线系统涉及的设备类型和设备数量较多,建立相应实验系统比较困难,而且局限性大,以至于开展系统研究较为困难。

1.3 本书的主要内容

本书以多电动机共直流母线系统为研究对象,依据系统节能的思想,从系统基本结构出发,开展基础研究。根据耗能状态电机不能完全吸收制动状态电机再生电能的不同的处理方法,对多电机共直流母线系统进行分类,给出不同系统的系统结构。通过分析系统组成,得出系统广义模型。然后研究多电机共直流母线系统建模方法,逐一建立广义模型中各子系统的混杂模型,进而得到系统整体模型,以该模型为基础开展多电机协调调度及能量管理研究。最后以西门子公司开发的 S120 伺服控制驱动系统为基础建立多电机共直流母线系统的实验系统,开展系统实验研究,并通过所建模型以多起重机系统为背景,仿真研究系统性能。

1.3.1 本书的结构与框架

鉴于多电机共直流母线系统的应用与研究现状，以及系统存在的问题，本书开展多电机共直流母线系统的混杂系统建模、能量管理与协调调度研究。全书以多电机共直流母线系统的建模为主线，通过对系统结构的研究，分析系统组成，提出系统的分层广义模型，研究广义模型中各子系统的建模方法，分别建立其混杂模型，进而得到系统整体模型。本书的结构与框架如图1.4所示。

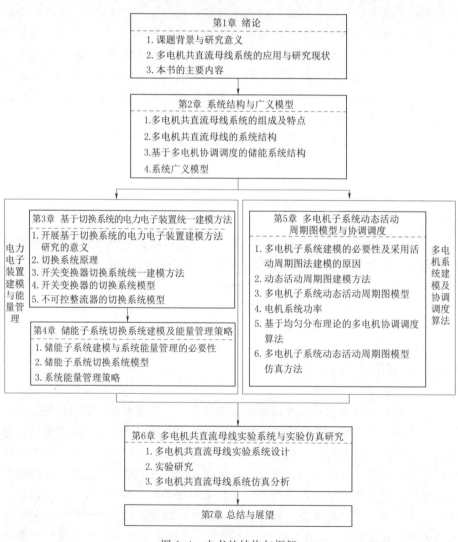

图 1.4 本书的结构与框架

1.3.2　各章主要内容

各章主要内容安排如下。

第1章，绪论。首先概述了课题研究的背景及意义，通过引入系统节能概念，引出多电机共直流母线系统。重点回顾了多电机共直流母线系统的应用与研究现状，以及多电机共直流母线系统存在的问题。然后介绍了本书的结构及各章内容安排。

第2章，系统结构与广义模型。根据耗能状态电机不能完全吸收制动状态电机再生电能的不同的处理方法，对多电机共直流母线系统进行分类，总结各类方法的系统结构、系统组成。在分析不同系统节电性能的基础上，提出一种多电机协调调度的储能结构系统。最后通过分析系统组成，提出系统分层广义模型。在后续各章中，根据各子系统特点不同，研究不同建模方法，逐一建立广义模型中各子系统混杂模型，进而得到系统整体模型。

第3章，基于切换系统的电力电子装置统一建模方法。为了建立系统中电力电子装置的模型，针对常用建模方法存在的问题，开展基于大信号分析的开关变换器切换系统建模研究。首先给出可控开关变换器切换系统统一模型，用模型中参数矩阵构造系统 Lyapunov 函数，证明系统在切换平衡点的稳定性，并提出滑模、渐近稳定、准切换平衡点三种切换律。然后总结建立该模型的一般方法和具体步骤，并采用该方法建立了 DC-AC 变换器和三电平 DC-DC 变换器切换系统模型。最后对由不可控开关器件构成的整流电路进行研究，建立系统中整流子系统切换系统模型。

第4章，储能子系统切换系统建模及能量管理策略。在第3章提出的可控开关器件变换器切换系统建模方法的基础上，根据储能系统阻容性负载的特点，提出准切换平衡点的概念，建立储能系统的切换系统模型，给出系统切换律。以实现制动再生电能最大回收率、减少超级电容充放电次数和保持直流母线电压稳定三个约束条件，提出通过储能系统模态转换来实现能量管理的混杂自动机模型，并进行仿真研究。

第5章，多电机子系统动态活动周期图模型与协调调度。为建立系统中多电机子系统的活动周期图模型，通过引入连续变量和局域时间，将用于离散事件的活动周期图建模方法进行扩展，提出一种动态活动周期图的建模方法，建立多电机子系统的动态活动周期图模型。为减小直流母线功率的波动，减小储能系统中储能器件的容量，本书通过对电机分布均匀度进行定义，提出一种基于均匀分布理论的多电机协调调度算法，并对动态活动周期的仿真方法进行研究。

第6章，多电机共直流母线实验系统与实验仿真研究。以西门子公司开发的 S-120 伺服控制驱动系统为基础，设计并搭建多电机共直流母线系统的实验平台。然后在实验平台的基础上开展实验研究，验证系统模型的合理性。并以多起重机共直流母线系统为例，仿真研究能量管理策略和协调调度算法的有效性。

第 7 章，总结与展望。回顾并总结全书的主要研究内容，提出有待于进一步研究的课题和今后的工作展望。

第 2 章　系统结构与广义模型

本章回顾了多电机共直流母线系统的组成及其特点，根据耗能状态电机不能完全吸收制动状态电机再生能量的不同的处理方法，对多电机共直流母线系统进行分类。在分析不同系统的结构、特点及其节电性能基础上，提出一种多电机协调调度的储能结构系统。通过分析系统组成，提出其分层广义模型，并给出广义模型中各子系统的混杂系统建模方法。

2.1　多电机共直流母线系统的组成及特点

2.1.1　交-直-交变频器共直流母线时的连接问题

在工业生产和人们生活中，基于变频器的交流传动系统广泛采用。变频器可分解为整流器与逆变器两个部分，为吸收和利用电机制动时再生的电能，将每个变频器整流部分与逆变部分相连的直流端并联在一起组成共直流母线系统，系统结构如图 1.3 所示。

当系统中一台或多台电机处于制动发电状态时，电机再生能量回馈到直流母线侧，被其他电机以电动耗能方式消耗吸收，因此该方式不但消耗了电机制动再生电能，而且实现了系统节能。但由于变频器品牌、型号不同，整流器前端回路的结构形式、预充电回路控制算法以及充电时间也不相同，当两个或两个以上变频器互联时，必须进行细致分析，采用恰当连接形式，才能达到共享节能效果。如果连接不当，将会大大降低系统可靠性，而且在变频器预充电、电机电动、电机制动时不同变频器之间还有相互反作用，造成设备损坏[30]。特别是当互联变频器台数增多时，整个系统分析就会变得复杂而冗长[89]。

为解决该问题，通常将变频器分解为整流器与逆变器两个部件，采用一台功率较大的整流器给多台逆变器供电，组成多个逆变器并联在一起的共直流母线系统，系统结构如图 2.1 所示。该方式避免了多变频器互连时的连接问题，且具有扩展方便等优点。

2.1.2　多电机共直流母线系统的组成

从图 2.1 可以看出，多电机共直流母线系统一般是由整流单元、直流母线、多电机单元、控制单元等几部分组成。

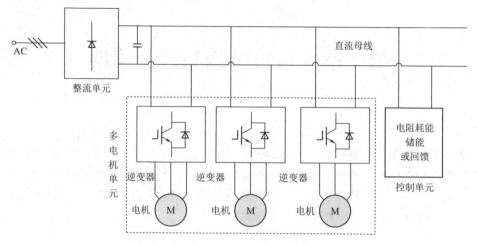

图 2.1　多电机共直流母线系统

1. 整流单元

整流单元为系统中所有电机系统（负载系统）提供电能的供电单元。在多变频器系统中，一般有多个整流器，由此组成系统时会带来一些连接问题。图2.1用一个大的整流单元取代了多个整流器，这样不但节能，而且还节约成本，并避免了组成系统时的连接问题。

2. 直流母线

直流母线是连接整流单元和多电机单元能量流通的通道。通过共用的直流母线，不但能够实现整流单元到多电机单元、多电机单元到整流单元的能量流通，而且还能够实现不同电机系统之间的能量流通，便于耗能状态电机吸收制动电机状态再生的电能，实现系统节能。

3. 多电机单元

多电机单元包括电机和用于驱动电机的功率单元（如逆变器）。采用多变频器方案时，每一个变频器都可以单独从直流母线中分离出来而不影响整个系统运行，但存在组成系统时的连接问题。

4. 控制单元

控制单元的功能是处理不能被耗能状态完全吸收的再生电能，根据处理方法不同可将系统分成多个不同结构的系统。

2.1.3　多电机共直流母线系统的特点

在多电机共直流母线系统中，当电机工作在电动状态时，逆变器从直流母线上吸收电能，给电机供电，驱动负载系统；当电机处在制动状态时，再生电能通过共用直流母线被耗能状态电机吸收；当制动电机再生能量不能满足耗能电机消耗时，再由电网供电，整流单元补充。因此多台电机通过共用的直流母线，不但实现了系统节能，而且达到了处理再生电能的目的。

相对于传统的交流传动系统，多电机共直流母线系统的优点十分显著，受到工程应用领域界的高度重视。目前多电机共用直流母线系统被广泛应用于起重机械、纺织、造纸、轧钢、离心机、轨道交通等多电机传动领域，并取得较好的节能效果。其主要有以下特点。

1. 高效节能

电机制动再生电能通过共用的直流母线，不须回馈电网即可被其他耗能状态电机吸收，且由于交流变频传动系统在电能使用效率上优于直流传动系统，因此多电机共直流母线系统既高效又节能。

2. 抗干扰强且稳定性好

由于采用集中整流技术，使得所有变频器的直流母线电压一样，而且由于直流母线容量大，直流母线电压比单台变频器时更加稳定，致使系统的抗干扰性能有所提高，谐波得到有效抑制。系统采用全控型整流时，还可以实现网侧功率因数调节。

3. 结构紧凑且体积缩小

公共直流母线的使用，使各变频器的整流部分是公共的，从而使结构紧凑、体积缩小且工作稳定。

4. 安全可靠

采用集中整流技术后，系统整流部分还可采取冗余设计，提高系统可靠性。系统中的电机可全部实现四象限运行，并且实现能量回馈制动。

一般情况下，共用直流母线电机的数目从几台到上百台不等。

2.2 多电机共直流母线的系统结构

近年来，国内外学术界对多电机共直流母线交流传动系统的研究已经成为一个焦点，企业界对此也非常关注，但已出版的文献和研究成果还较少，为此文章根据耗能状态电机不能完全吸收制动状态电机再生电能的不同的处理方式，将多电机共直流母线系统分为共直流母线耗能系统结构、共直流母线馈能系统结构、共直流母线储能系统结构三种方式。

2.2.1 耗能系统结构

2.2.1.1 系统结构

系统运行时，为了避免耗能状态电机不能完全吸收制动状态电机再生电能，引起直流母线电压泵升，造成系统设备无法正常运转或损坏等问题，通常在直流母线上，通过电子开关并联功率电阻或其他耗能元件，消耗不能被耗能状态电机完全吸收的再生电能，系统结构如图 2.2 所示。

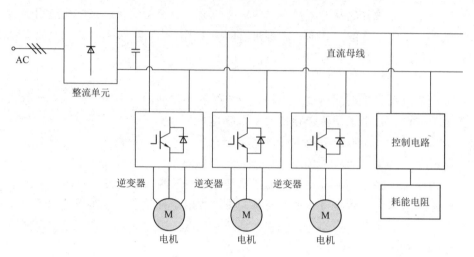

图 2.2　多电机共直流母线电阻耗能系统结构

当直流母线电压升高，达到或超过控制电压阈值时，电子开关闭合，耗能电阻消耗制动电机再生电能，克服直流母线电压泵升，保护设备正常运行。该再生电能的处理方法是一种最直接、最简单有效的方法。

基于共直流母线的集装箱门式起重机控制系统，在交通部水运科学研究院港口物流装备与控制工程交通行业重点实验室中得到了成功应用。该系统不仅提高了控制效果，节省了设备占地面积，减小了设备维护量，而且实现了起重机系统的能量回收及利用，提高了能源利用率，具有较好的经济效益[20]。文献［90］采用耗能电阻组成了两台或多台电梯共直流母线系统。在运行过程中，电梯一个上下行运行周期，有一半时间电机处于制动状态，有一半时间处于耗能状态，传统处理方法是将这部分电能由制动电阻白白消耗掉，采用共直流母线技术后，只有当多个电梯同时下降，再生电能不能被上升电梯电机完全吸收时，才将再生能量通过耗能自动控制电路消耗在电阻上，转化为热能，实现系统节能。

该结构的系统从文献来看，运行安全可靠，安装方便，但有如下缺点。

（1）由于电阻耗能，降低了系统节能效率。

（2）电阻耗能产生的热量，影响系统其他部分正常工作。

（3）耗能电阻有时不能及时快速抑制电机再生能量，引起直流母线电压升高，限制了电机制动性能提高（制动力矩大，调速范围宽，动态性能好）。

上述缺点决定了耗能节能系统只适用于几十千瓦以下中、小容量的共直流母线系统。

2.2.1.2 控制单元

该结构系统的控制单元（或称耗能单元）主要由控制电路和耗能电阻组成。

1. 控制电路

控制电路是当直流母线电压超过设定电压阈值时（如 660V 或 710V），接通耗能电路，使电能通过耗能电阻以热能方式释放。控制电路可分内置式和外置式两种。内置式适用于小功率的通用系统，外置式则适用于大功率或是对制动有特殊要求的系统。耗能控制电路如图 2.3 所示。一般由功率管构成的"开关"电路、电压采样比较电路和驱动电路构成。

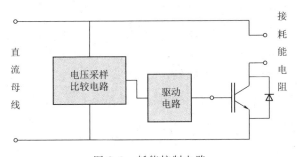

图 2.3 耗能控制电路

2. 耗能电阻

耗能电阻通过控制电路控制，以热能方式消耗制动状态电机再生电能。耗能电阻有两个重要参数，分别是电阻阻值和功率大小。选择的基本原则是：耗能单元最大瞬时放电功率大于或等于系统最大瞬时回馈功率，耗能单元平均放电功率大于或等于系统平均回馈功率。通常，耗能单元最大瞬时放电功率取决于开关管的额定电流，而平均放电能力则由耗能电阻额定功率决定。

（1）耗能电阻的选择。按照上述选择原则，可选耗能电阻值为

$$R_b = \frac{U_b^2}{P_{maxb}} \tag{2.1}$$

式中　R_b——耗能电阻值；

　　　U_b——控制单元动作电压阈值；

　　　P_{maxb}——系统最大回馈功率。

在耗能单元工作过程中，直流母线电压升降取决于时间常数 R_bC，C 为直流母线电容总容量。由充放电曲线可知，R_bC 越小，直流母线放电速度越

快；在 C 一定情况下，R_b 越小，直流母线放电速度越快。直流母线最大回馈功率 P_{maxb} 与系统工况密切相关，在工程实际中很难准确确定，因此准确计算耗能电阻阻值也比较困难。通过建立系统模型并对实际工况仿真，可估算系统最大回馈功率等各种参数。

由于耗能电阻工作时间不连续，为短时工作制，在电阻通电期间，电阻温度达到额定温度，瞬时功率较大，每次通电后要间歇一段时间，在该段时间内其温度不断下降，如此循环往复，最终达到一定的稳定温升。根据电阻的特性和技术指标，可选择取耗能电阻功率为

$$P_R \geqslant a P_{avb} b \tag{2.2}$$

式中　a——电阻降额系数，一般取 $a=1.5\sim2$，可由电阻的降额曲线查得；

P_{avb}——平均回馈功率；

b——电阻使用率。

P_{avb}、b 与系统工况密切相关，在工程实际中很难确定，也可通过对具体工况的模型仿真进行估算。

（2）控制单元最大工作电流选择。

控制单元最大工作电流，可按式（2.3）选取：

$$I_{PM} = \frac{U_b}{R_b} \tag{2.3}$$

式中　I_{PM}——控制单元最大工作电流。

2.2.2　馈能系统结构

2.2.2.1　系统结构

在多电机共直流母线系统中，当制动状态电机再生电能功率大于耗能状态电机耗电功率时，为避免直流母线电压泵升，采用有源逆变技术，将再生能量直接回馈交流电网，即将再生电能逆变为与交流电网同相位同频率的交流电回送电网，从而实现系统节能，系统结构如图 2.4 所示。

当前馈能结构的共直流母线系统在一些钢厂、造纸厂都有应用实例，在上港集团码头节能改造中也有应用实例[19,91]。当系统或系统中的部分传动电机处在制动状态时，电能通过共用的直流母线供其他电机使用；当再生电能大于系统耗能时，不能被消耗的电能通过回馈装置直接回馈交流电网，既实现了系统节能、又提高了设备运行可靠性和减少设备维护量。但是该馈能结构的多电机共直流母线系统，只能用在不易发生故障的稳定电网电压下（电网电压波动不大于10%），在电机制动运行时，电网电压故障时间大于10ms则可能发生换

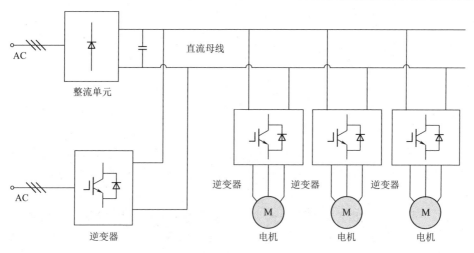

图 2.4 共直流母线馈能系统结构

相失败,损坏器件;在回馈电网时,对电网有谐波污染,控制复杂,成本较高。

目前该种将再生电能直接回馈电网而特别设计的四象限运行变频器已由世界知名电气公司研制并生产,产品已用于工业生产中(例如 ABB 公司的 ACS611 型变频器)。但变频器价格昂贵,在国内除少数轧钢厂以外很少有应用[92]。

2.2.2.2 控制单元

馈能结构系统控制单元的基本结构如图 2.5 所示,有图 2.5(a)和图 2.5(b)两种结构。

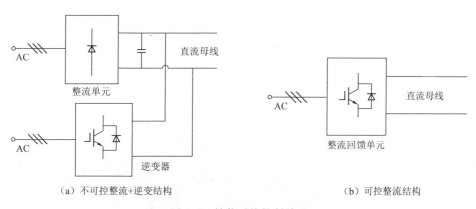

（a）不可控整流+逆变结构　　　　　（b）可控整流结构

图 2.5 馈能系统控制单元

在设计该系统结构共直流母线系统方案时,能量回馈单元的功率 P_{rb} 可选为

$$P_{rb} = P_{maxb} \tag{2.4}$$

式中 P_{maxb}——直流母线最大回馈功率。

根据能量回馈设备所用功率器件的不同，能量回馈单元可分为半控型结构和全控型结构两大类[93]。

（1）半控型结构。半控型结构主要采用半控型器件，如晶闸管等，由于晶闸管的耐压、耐流、耐浪涌冲击能力是全控型功率器件所无法比拟的，加之驱动、保护电路简单，价格低廉等原因，采用由晶闸管构成的有源逆变电路在 20 世纪 70 年代获得人们普遍的研究，在现阶段半控型结构的逆变器仍被广泛应用在各行各业。

（2）全控型结构。全控型结构主要采用全控型器件，如 GTR、MOSFET、IGBT 或 IPM 等，具有开关频率高、集成度高和动态响应快等优点，采用上述全控型器件作为有源逆变的功率开关器件可以提高系统效率，抑制谐波和机械噪声，使得基于全控型器件的能量回馈系统已经成为目前研究的重点。

2.2.3 储能系统结构

2.2.3.1 系统结构

为了避免直流母线电压泵升，一些学者提出将不能被耗能状态电机完全吸收的再生电能存储起来，根据直流母线功率需求，再回送直流母线。与馈能结构系统不同的是储能结构系统不是将不能完全消耗的再生电能回馈电网，而是通过储能装置（蓄电池、超级电容、超导储能等设备）储存起来，系统结构如图 2.6 所示。

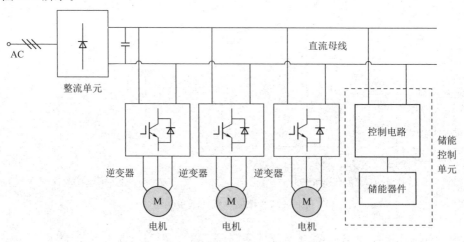

图 2.6 共直流母线储能系统结构

目前用于电机再生储能系统已成为国内外学者研究热点。文献［94］利用超级电容作为中间储能设备对电机制动再生电能进行回收；对制动主回路进行选择设计；对所选双向 DC - DC 变换器建立小信号模型；根据建立的模型，结合具体性能指标，对其控制参数进行了整定；并在 Matlab/Simulink 中对其进行了仿真。这种系统结构的最大特点是，需要容量足够大的电能储存装置，成本较高，而且控制复杂。随着系统容量增大，这一特点越加明显。

2.2.3.2　控制单元

储能部分一般采用双向 DC - DC 变换器来控制，通过检测直流母线电压，预先设定充放电电压阈值，采用基于"能量法"的控制策略实现能量的双向流动，完成能量储存与释放。储能系统控制单元基本结构如图 2.7 所示。

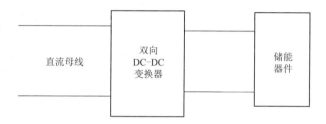

图 2.7　储能系统控制单元

该系统结构的控制单元有两个重要参数：一是双向变换器功率，二是储能器件容量。为最大限度吸收电机制动再生电能，双向变换器功率 P_{db} 一般选取直流母线最大回馈功率，即

$$P_{db} = P_{maxb} \tag{2.5}$$

控制单元储能容量 Q_s 可选取为

$$Q_s = E_{smax} \tag{2.6}$$

式中　E_{smax}——系统需求的最大储能容量。

若储能器件选择超级电容，那么超级电容的容值可选取为

$$C_{sc} = \frac{2E_{smax}}{U_{scmax}^2 - U_{scmin}^2} \tag{2.7}$$

式中　E_{smax}——系统需求的最大储能容量；

$\quad\quad U_{scmax}$——超级电容充电时的饱和电压，一般选取直流母线电压作为其饱和电压；

$\quad\quad U_{scmin}$——放电后的最小电压，一般取 $U_{scmin} = \dfrac{1}{2}U_{scmax}$。

西门子公司采用超级电容作为储能器件开发了一种站用静止储能系统 SI-TRAS SES[95]，该系统由 1300 个电容组成，占地 2.5m²，容量为 2.3kWh，功率 1MW，电压 750V，系统的最大储能效率为 95%[96]。

2.3　基于多电机协调调度的储能系统结构

2.3.1　不同系统结构能流分析

2.3.1.1　耗能系统结构

该系统结构的能量流向如图 2.8 所示。

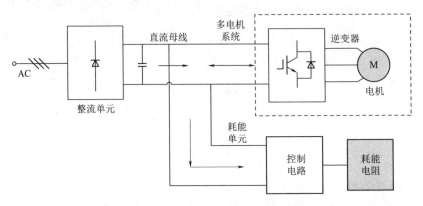

图 2.8　电阻耗能系统结构能量流向图

若系统整流单元的效率为 η_r，多电机系统电动传动效率为 η_e，回馈传动效率为 η_b，在某一时间内，系统存储的能量为 E_{store}，系统消耗输出的能量为 E_{out}，那么系统的最大耗能为

$$E_{max} = \frac{E_{store} + E_{out}}{\eta_r \eta_e} \qquad (2.8)$$

系统的最小耗能为

$$E_{min} = \frac{1}{\eta_r} \left(\frac{E_{store} + E_{out}}{\eta_e} - \eta_b E_{store} \right) \qquad (2.9)$$

同一设备与不共用直流母线时相比最大可节能为

$$E_{savemax} = \frac{\eta_b}{\eta_r} E_{store} \qquad (2.10)$$

那么系统最大节能效率为

$$\eta_{\text{savemax}} = \eta_e \eta_b \frac{E_{\text{store}}}{E_{\text{store}} + E_{\text{out}}} \tag{2.11}$$

若系统没有输出，即 $E_{\text{out}} = 0$，系统最大节能效率为

$$\eta_{\text{savemax}} = \eta_e \eta_b \tag{2.12}$$

2.3.1.2 馈能系统结构

馈能系统结构的能量流向如图 2.9 所示。

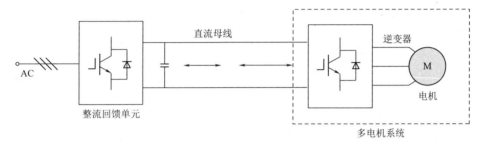

图 2.9 馈能系统结构能量流向图

若系统整流回馈单元的效率为 η_r，那么系统最大耗能为

$$E_{\text{max}} = \frac{E_{\text{store}} + E_{\text{out}}}{\eta_r \eta_e} - \eta_r \eta_b E_{\text{store}} \tag{2.13}$$

系统最小耗能为

$$E_{\text{min}} = \frac{1}{\eta_r} \left(\frac{E_{\text{store}} + E_{\text{out}}}{\eta_e} - \eta_b E_{\text{store}} \right) \tag{2.14}$$

同一设备与不共用直流母线时相比，系统最大节能为

$$E_{\text{savemax}} = \frac{\eta_b}{\eta_r} E_{\text{store}} \tag{2.15}$$

系统最小节能为

$$E_{\text{savemin}} = \eta_r \eta_b E_{\text{store}} \tag{2.16}$$

那么，系统最大节能效率为

$$\eta_{\text{savemax}} = \eta_e \eta_b \frac{E_{\text{store}}}{E_{\text{store}} + E_{\text{out}}} \tag{2.17}$$

系统最小节能效率为

$$\eta_{\text{savemin}} = \eta_r^2 \eta_e \eta_b \frac{E_{\text{store}}}{E_{\text{store}} + E_{\text{out}}} \tag{2.18}$$

若系统输出为零，即 $E_{\text{out}} = 0$ 时，系统最大节能效率为

$$\eta_{\text{savemax}} = \eta_e \eta_b \tag{2.19}$$

系统最小节能效率为

$$\eta_{\text{savemin}} = \eta_r^2 \eta_e \eta_b \tag{2.20}$$

2.3.1.3　储能系统结构

储能系统结构的能量流向图如图 2.10 所示。

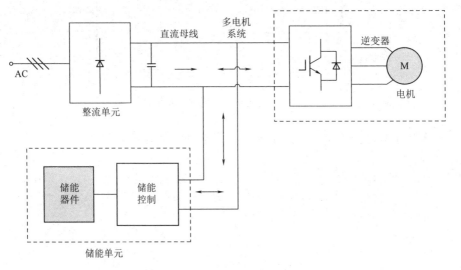

图 2.10　储能系统结构能量流向图

若储能系统的充放电效率为 η_s（双向），那么系统最大耗能为

$$E_{\text{max}} = \frac{E_{\text{store}} + E_{\text{out}}}{\eta_r \eta_e} - \frac{\eta_b \eta_s E_{\text{store}}}{\eta_r} \tag{2.21}$$

系统最小耗能为

$$E_{\text{min}} = \frac{1}{\eta_r} \left(\frac{E_{\text{store}} + E_{\text{out}}}{\eta_e} - \eta_b E_{\text{store}} \right) \tag{2.22}$$

同一设备与不共用直流母线时相比，系统最大节能为

$$E_{\text{savemax}} = \frac{\eta_b}{\eta_r} E_{\text{store}} \tag{2.23}$$

系统最小节能为

$$E_{\text{savemin}} = \frac{\eta_s \eta_b}{\eta_r} E_{\text{store}} \qquad (2.24)$$

那么，系统最大节能效率为

$$\eta_{\text{savemax}} = \eta_e \eta_b \frac{E_{\text{store}}}{E_{\text{store}} + E_{\text{out}}} \qquad (2.25)$$

最小节能效率为

$$\eta_{\text{savemin}} = \eta_s \eta_e \eta_b \frac{E_{\text{store}}}{E_{\text{store}} + E_{\text{out}}} \qquad (2.26)$$

若系统输出为零，即 $E_{\text{out}} = 0$ 时，系统最大节能效率为

$$\eta_{\text{savemax}} = \eta_e \eta_b \qquad (2.27)$$

系统最小节能效率为

$$\eta_{\text{savemin}} = \eta_s \eta_e \eta_b \qquad (2.28)$$

2.3.2 不同系统结构性能对比

通过前面的分析，若令 $E_{\text{out}} = 0$，不同结构系统节能性能的对比分析见表 2.1。

表 2.1　　　　　　　　　不同结构系统节能性能的对比分析

类型	系统耗能		系统节能		节能效率	
	最大	最小	最大	最小	最大	最小
不共直流母线	$\dfrac{E_{\text{store}}}{\eta_r \eta_e}$	$\dfrac{E_{\text{store}}}{\eta_r \eta_e}$	0	0	0	0
耗能系统	$\dfrac{E_{\text{store}}}{\eta_r \eta_e}$	$\dfrac{(1-\eta_b \eta_e) E_{\text{store}}}{\eta_r \eta_e}$	$\dfrac{\eta_b}{\eta_r} E_{\text{store}}$	0	$\eta_e \eta_b$	0
馈能系统	$\dfrac{(1-\eta_r^2 \eta_b \eta_e) E_{\text{store}}}{\eta_r \eta_e}$	$\dfrac{(1-\eta_b \eta_e) E_{\text{store}}}{\eta_r \eta_e}$	$\dfrac{\eta_b}{\eta_r} E_{\text{store}}$	$\eta_r \eta_b E_{\text{store}}$	$\eta_e \eta_b$	$\eta_r^2 \eta_e \eta_b$
储能系统	$\dfrac{(1-\eta_s \eta_b \eta_e) E_{\text{store}}}{\eta_r \eta_e}$	$\dfrac{(1-\eta_b \eta_e) E_{\text{store}}}{\eta_r \eta_e}$	$\dfrac{\eta_b}{\eta_r} E_{\text{store}}$	$\dfrac{\eta_b \eta_s}{\eta_r} E_{\text{store}}$	$\eta_e \eta_b$	$\eta_e \eta_b \eta_s$

表 2.1 对系统不共直流母线时与 3 种不同结构共直流母线系统的节电性能从两个极端工况进行了对比分析,可以看出,不论哪种结构的共直流母线系统都比不共直流母线时节能效率有所提高。耗能结构系统、馈能结构系统和储能结构系统三者最大节能效率完全相同,但系统实际的节能效果取决内部电机的状态,受系统工况与电机状态影响较大,在相同工况下,馈能结构系统和储能结构系统虽然比耗能结构系统节能效率有所提高(提高多少也取决于系统中电机的状态),但是以较高的馈能和储能设备成本为代价。馈能结构系统与储能结构系统两者相比,主要取决于馈能和储能设备的效率,如果效率相同可以看出两种结构系统的节能效率相同。

　　对比储能结构系统和馈能结构系统最好与最差节能效果可以发现,两者差别在于馈能系统和储能系统的设备效率,但从目前电力电子技术发展情况看,储能系统和馈能系统设备效率已经较高,若再大幅度提高已经很困难,即使提高也很难达到最好节能效果。

　　分析不同结构系统节能效率可以发现,只要系统中电机状态分布合理,耗能结构系统也能与储能、馈能结构系统有相同节能效果。因此本书提出一种多电机协调调度的储能结构系统。

2.3.3　在储能结构系统中引入多电机协调调度

　　由前面分析,不论哪种结构系统,只要系统中电机状态分布合理,都能达到较好节能效果,系统节能效率降低的原因是耗能状态电机不能完全吸收制动状态电机再生电能。由能量守恒可知,任何一个多电机系统都是一个耗能系统,之所以出现耗能状态电机不能完全吸收制动状态电机再生电能是因为系统中电机处在各个状态的分布不均匀,出现多台电机同时耗能、多台电机同时馈能现象,造成系统对电能需求也不均匀,有时需要从电网吸收较大电能,而有时又要回馈电能到电网。若系统中电机状态可进行协调调度,如全自动化码头,通过协调调度使系统中电机状态分布合理,制动电机再生的电能被耗能状态电机完全吸收,系统就能达到较好的节能效果。多电机协调调度的储能系统结构如图 2.11 所示。

　　系统用一个大的整流装置取代原有的多个整流装置,不但节能,而且节约成本;系统中既没有耗能装置,也没有回馈装置,而是用储能装置取代,这样既提高节能效果,又避免直接回馈对交流电网的冲击。储能装置的容量既能满足系统能量存储的需要,又不至于因储能装置容量太大而过多地增加系统成本。为减小储能装置的容量,通过调度算法协调调度电机工作状态,使处在耗能状态电机消耗的电能大于处在制动状态电机再生的电能,系统始终运行在耗能状态,不需要储能。储能装置仅是考虑到协调调度算法性能的有限性,极端

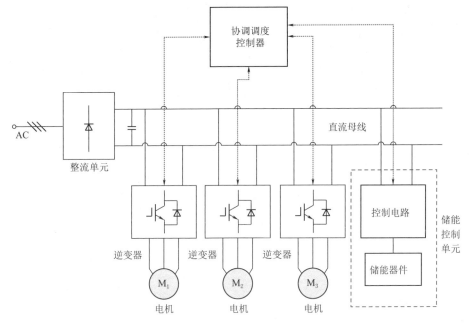

图 2.11 多电机协调调度的储能系统结构

情况下无法保证协调调度效果而作为冗余保留的,因此储能装置的容量要比没有对电机协调调度时要小得多,通过研究高效的多电机协调调度算法,选择较小容量的储能装置,就能保护系统的正常运行。

2.4 系统广义模型

目前对多电机共直流母线系统的基础研究相对较少,主要原因在于系统涉及设备类型和数量较多,难以建立能适用于各种工况的实验系统,而且成本较高。因此通过建立系统模型,研究其动态性能就显得尤为重要。

然而由于多电机共直流母线系统的复杂性,直接建立其模型非常困难,考虑到任何系统都可以分解为若干子系统,而每个子系统又可以由许多更小子系统组成,仅仅是各个子系统或子系统内部小系统之间,信息需求所能提供和传输信息的详细程度不同。

因此为建立多电机共直流母线系统模型,采用分层方法,将系统分解为若干子系统,不考虑各子系统之间的关系,分别建立各子系统局部子模型。由于子系统规模较小,比较简单,所以子模型的建立也相对较容易,可以根据各子系统具体情况,采用不同建模方法,建立其对应子模型,进而得系统整体模型。

为此本书根据分层的思想先建立系统的广义模型。

2.4.1　多电机共直流母线系统广义模型

分析多电机共直流母线系统的组成，不论是由多台变频器组成，还是由多个整流装置（可控或不可控整流）、逆变器组成，或是由其他设备组成，系统均可等效于图 2.12 所示的多电机共直流母线节能系统。

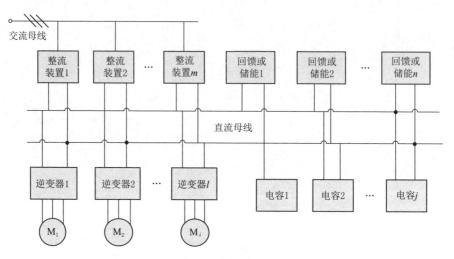

图 2.12　多电机共直流母线节能系统

可以看出，主要由整流装置、能量回馈或储能装置、逆变器和电机、电容四种部件组成，根据系统实际构成，把整个系统分成 3 个层次的状态空间，因此多电机共直流母线系统可用如图 2.13 所示的多层广义模型来描述。

1. 第一层——系统层（或宏观层）模型

在图 2.13 中，由整流系统 RE_{Σ}、电容系统 C_{Σ}、多电机系统 MM_{Σ} 和储能系统 SD_{Σ} 组成，可用一个四元组来表示。

定义 2.1　共直流母线交流传动系统是一个四元组：

$$G = (RE_{\Sigma}, SD_{\Sigma}, C_{\Sigma}, MM_{\Sigma}) \tag{2.29}$$

t 时刻系统的状态为

$$g(t) = \{i_{RE}(t), u_c(t), i_{SD}(t), P_{MM}(t)\} \tag{2.30}$$

且满足方程：

$$i_{RE}(t) = C\frac{\mathrm{d}u_c(t)}{\mathrm{d}t} + i_{SD}(t) + \frac{P_{MM}(t)}{u_c(t)} \tag{2.31}$$

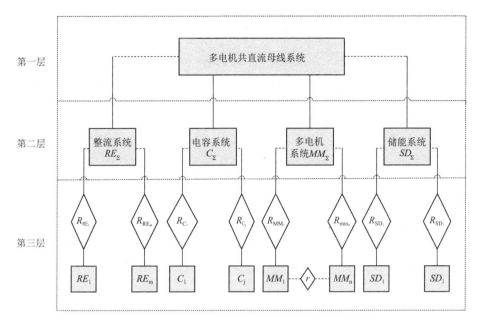

图 2.13 多电机共直流母线节能系统多层广义模型

式中 C——储能电容的容量；

$i_{RE}(t)$——t 时刻系统整流子系统瞬时电流；

$i_{SD}(t)$——储能子系统瞬时电流；

$u_c(t)$——电容子系统瞬时电压；

$P_{MM}(t)$——多电机子系统瞬时功率。

因此系统也可用如图 2.14 所示等效电路模型表示。

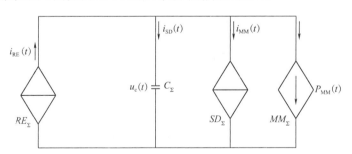

图 2.14 多电机共直流母线等效电路模型

2. 第二层——子系统层模型

RE_Σ 整流子系统是系统中整流装置的整体，可等效为一个受控电流源，如果 t 时刻，系统中有 m 个整流装置在运行，则有

$$i_{RE}(t) = \sum_{k=1}^{m} i_{RE_k}(t) \tag{2.32}$$

式中　$i_{RE_k}(t)$——第 k 个整流装置在 t 时刻的瞬时电流。

C_Σ 电容子系统是系统中电容的整体，可等效为一个电容 C，C 是所有电容的容量之和，如果系统中有 j 个电容，则有

$$C = \sum_{k=1}^{j} C_k \tag{2.33}$$

$$u_c(t) = u_{c1}(t) = u_{c2}(t) = \cdots = u_{cj}(t) \tag{2.34}$$

式中　C_k——第 k 个电容的容量。

SD_Σ 储能子系统是系统储能（馈能、耗能）装置的整体，可等效为一个受控电流源，如果 t 时刻，系统中有 n 个储能（馈能、耗能）装置在运行，则有

$$i_{SD}(t) = \sum_{k=1}^{n} i_{SD_k}(t) \tag{2.35}$$

式中　$i_{SD_k}(t)$——第 k 个储能装置在 t 时刻的瞬时电流。

MM_Σ 多电机子系统是共直流母线的多电机与逆变器的整体，等效为一个受控功率源。如果 t 时刻，系统中有 l 个电机系统对直流母线功率有贡献，那么

$$P_{MM}(t) = \sum_{k=1}^{l} P_{MM_k}(t) \tag{2.36}$$

式中　$P_{MM_k}(t)$——第 k 个电机系统在 t 时刻的瞬时功率。

3. 第三层——设备层模型

$RE_1 \sim RE_m$ 为系统中各个整流器模型，$R_{RE_1} \sim R_{RE_m}$ 为联结整流器 $RE_1 \sim RE_m$ 与整流系统 RE_Σ 的纵向关系模型。$C_1 \sim C_j$ 为系统中各个电容模型，$R_{C_1} \sim R_{C_j}$ 为联结电容 $C_1 \sim C_j$ 与电容系统 C_Σ 的纵向关系模型。$SD_1 \sim SD_n$ 为系统中各个储能装置模型，$R_{SD_1} \sim R_{SD_n}$ 为储能装置 $SD_1 \sim SD_n$ 与储能系统 SD_Σ 的纵向关系模型。$MM_1 \sim MM_l$ 为系统中电机与逆变器的功率模型，$R_{MM_1} \sim R_{MM_l}$ 为电机与逆变器 $MM_1 \sim MM_l$ 与多电机系统 SD_Σ 的纵向关系模型，r 为与工况相关的电机与电机之间的横向关系。

2.4.2　基于多电机协调调度的储能系统结构广义模型

对于本书提出的多电机协调调度储能结构的多电机共直流母线系统，系统中只有一个整流子系统和一个储能子系统，那么该系统的广义模型如图 2.15 所示。

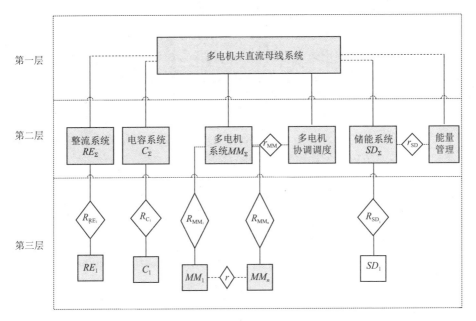

图 2.15 多电机协调调度的储能结构系统广义模型

图 2.15 中，多电机协调调度实现对多电机子系统的协调调度，r_{MM} 是多电机子系统与多电机协调调度的横向关系。能量管理系统通过对储能系统的控制实现对系统的能量管理，r_{SD} 是能量管理系统与储能系统的横向关系。

2.5 采用混杂系统建模的原因及其建模方法

分析多电机共直流母线系统的运行过程，可以发现，系统直流母线的电压、电流及其他部件的电压、电流随系统状态的改变而连续变化，是连续事件。而多电机子系统中电机的运行状态，随系统运行进程或人为控制而离散变化；整流子系统中整流器件的开关状态随线电流、直流母线电压的变化而离散变化；储能子系统中，开关器件的开关状态，受能量管理策略的控制和系统直流母线电压的变化而离散变化，它们是离散事件。因此多电机共直流母线系统是一种典型的混杂动态系统，本书通过引入混杂系统理论，开展系统的混杂系统建模研究。

自 1966 年第一篇混杂系统的文献出现以来[97]，混杂系统还没有形成一个统一的概念。简单来说混杂系统就是同时具有相互作用的连续动态特性和离散事件特性的系统，其中离散部分在控制中常以调度或监控形式出现，如 ON/OFF 开关切换、阀门开关、传动设备、限幅器、选择器等，而连续部分则随着时间发展不断变化，两者相互作用，使系统运动轨迹既有离散事件的运动，又有连续状态的渐进变化[98]。1986 年混杂系统理论在美国 Santa Clara 大学召开的高级控制会议上被正式提出[99]，不久便成为控制理论研究中的一个新热点。经过十几年的发展，混杂动态系统理论基本框架已经初步建立[100,101]，人们越来越注重混杂系统的应用方面研究，国内外学者在这一方面已经有了一些成功的应用。

虽然在混杂系统理论研究上已经取得了可喜成果，但是混杂系统依然属于一个正在发展中的领域，许多相关理论还有待于人们进一步去完善，很多理论还是纯理论性的，并且只是针对某一类特殊领域，这些看似成熟的理论在实际应用时还会碰到各种各样的问题。例如对多电机子系统建模时，常用混杂系统建模方法很难适用于该子系统，本书提出一种动态活动周期图的建模方法来建立该子系统模型。

围绕混杂系统建模问题，国内外学者开展了一系列研究，提出了引人注目的理论框架模型。但混杂系统涉及领域广泛，遇到的问题复杂多样，很难找到一个通用模型来解决所有问题。在所提出的模型中，一个共同的特点就是在状态空间中，连续变量和离散变量同时存在。大都是用一组常微分方程来描述系统连续部分特性，用离散事件模型来表示系统离散部分的特性[102]。

按照离散和连续系统的耦合与复杂程度不同，将混杂系统分为两大类：一类系统从整体上体现出连续变量动态系统特点；另一类系统从整体上更能体现离散事件动态系统特点。针对这两类系统侧重点不同，采用不同的研究方法。其处理方法也分为两类：基于离散事件动态系统的建模方法和基于连续变量动态系统的建模方法[101]。基于离散事件动态系统的建模方法将整个系统看成离散事件动态系统某种扩展，重点考虑系统离散特性，通过对连续状态空间进行分区来实现。主要采用离散事件系统分析方法，形成了混杂自动机模型[103,104]、层次结构模型、混杂 Petri 网（HPN）[105]等几种主要模型。基于连续变量动态系统的建模方法是将系统当作一个微分方程组来处理，离散事件嵌入到微分方程组中或者将离散事件看作微分方程的干扰，以连续系统研究为基础，考虑离散行为并引入逻辑处理机制，便形成了混杂系统的切换系统模型[106,107]、混合逻辑动态系统模型（MLD）等几种模型[108]。

对于多电机共直流母线系统建模问题，由系统广义模型，可将系统分为多个子系统，根据各子系统特点不同，采用不同混杂系统建模方法来建立其模型。

对于整流子系统和储能子系统，从整体上看，体现出连续变量动态系统特点，但内部存在有离散的开关状态，将各个离散开关状态的组合，视为一个离散的更小子系统，开关状态的变化视为更小子系统的切换，因此整流子系统和储能子系统可采用基于连续变量动态系统的切换系统建模方法来建立它们的模型。为此本书第 3 章先研究电力电子装置切换系统建模方法，然后再建立它们的模型。

系统的能量管理策略更多是对储能系统不同模态之间转移控制，整体上体现出离散事件动态系统的特点，因此运用混杂自动机理论，建立描述系统能量管理策略的混杂自动机模型。

对于多电机子系统，整体上体现出离散事件动态系统特征，但混杂系统常用建模方法不能简单明了建立该系统模型。考虑到电机交替出现的属性，采用活动周期图法建立其模型，但传统活动周期图法只能用于离散事件的建模，为此本书将传统活动周期图建模型方法进行扩展，提出一种动态活动周期图建模方法，开展多电机子系统的建模研究。

2.6　本章小结

本章主要做了以下工作。

（1）根据耗能状态电机不能完全吸收制动状态电机再生电能的不同的处理方式，把多电机共直流母线系统分为耗能系统结构、馈能系统结构、储能系统结构三种形式。

（2）通过对不同系统性能分析，提出一种基于多电机协调调度与能量管理的共直流母线储能结构系统。

（3）通过分析系统的组成，建立系统的多层广义模型，并根据各子系统的特点不同，采用不同的建模方法，建立其对应的混杂系统模型。

第3章　基于切换系统的电力电子装置统一建模方法

为了建立多电机共直流母线系统中的电力电子装置模型，本章针对目前常用开关变换器建模方法存在的建模精度不高、大信号扰动时系统可能不稳定等诸多问题，开展了基于大信号分析的开关变换器切换系统建模研究。首先提出可控开关器件变换器的切换系统统一模型，用模型中参数矩阵构造系统 Lyapunov 函数方法，运用 Lyapunov 函数证明了系统在切换平衡点的稳定性，并给出系统切换律。然后总结出建立该模型的一般方法和具体步骤，并采用该方法建立了 DC – AC 变换器和三电平 DC – DC 变换器的切换系统模型。最后研究了不可控开关器件变换器切换系统建模方法，建立系统中整流子系统的切换系统模型。

3.1　开展基于切换系统的电力电子装置建模方法研究的意义

在多电机共直流母线系统中，有诸多的电力电子装置，如整流子系统、储能子系统等，为建立其模型，开展电力电子装置建模方法研究非常重要。电力电子装置中的开关器件可分为可控开关器件和不可控开关器件，本章分别研究其切换系统建模方法。

可控开关器件变换器一般称为开关变换器。开关变换器的建模和分析是研究开关变换器的一个重要内容，目前开关变换器常用的建模方法主要有"状态空间平均法[109]"或"周期平均方法[110]"[36,111-113]。其基本思想是忽略功率器件的开关特性，在一个采样周期内对系统各变量进行平均，用周期平均值代替瞬时值来得到相应的系统模型。这种通过忽略模型中高次项，而近似得到变换器小信号模型的方法存在诸多问题[5]，如大信号系统遭受扰动时，系统可能不稳定、建模精度不高等。为提高建模精度及变换器动态响应，通常提高变换器的开关频率，但过高的开关频率又会增大开关损耗。因此开展功率变换器的大信号分析及与之相对应的建模研究显得尤为重要。

开关变换器的显著特点是含有丰富的开关器件，开关器件的存在使得系统的拓扑结构不再固定，呈现由开关状态确定的多个子系统相互之间切换的离散行为，而系统中的电压电流却是连续的，因此开关功率变换器是一种典型的混杂系统[114,115]。切换系统是从系统与控制科学的角度研究混杂系统的一类重要模型，由一组子系统和描述它们之间联系的切换律组成，每个子系统对应着离散变量的一组取值，子系统之间的切换表示离散事件的动态[116]。开关变换器可视为一种切换系统，变换器的模态对应于切换系统的子系统，开关的动作实现子系统之间的切换。切换系统已被引入到开关变换器领域，开展基础理论研究，分析系统的能观性、能控性和能达性[117-119]，Willem 也运用切换系统理论对 Buck 和 Boost 变换器进行了分析[120]。因此开展电力电子变换器的切换系统建模研究，对于建立多电机共直流母线系统中电力电子装置的模型具有非常重要的意义。

3.2 切换系统原理

3.2.1 切换系统的概念与特点

"切换"作为一种控制思想，很早就被引入到控制理论中。在经典控制理论中，为解决非线性系统出现的周期性振荡，特别是伺服系统的稳定问题，提出了开关伺服系统，即包含有继电器的伺服系统，简称继电系统，这种开关系统最大的优点是用非常简单的"开"与"关"操作来完成。

由于被控对象本身的结构参数和模式不再固定不变，传统方法变得无能为力，必须寻找处理这种对象复杂性的新方法，"切换"成为其中一种有效的工具。以"切换"的观点进行系统建模、分析和综合，就形成了切换系统理论[121,122]。切换系统中的"切换"实际上不仅仅对应着控制器参数的改变，同时也包含了系统参数的改变。也就是说系统结构与参数的调整和改变也成为控制手段的一种。切换系统理论的提出和建立，一方面是适应生产实践发展的需要，另一方面也是控制理论自身发展的必然。

切换系统可以看作是由一组连续微分方程子系统与作用在其中的切换规则构成的。切换系统本质上是非线性系统，把复杂的非线性系统划分成若干个线性自治子系统。每个相对比较简单的子系统通过切换控制规律构成了复杂的系统，并将系统的逻辑动态和连续动态结合起来。切换系统在切换过程中，每一时刻系统的状态只符合其中一个子系统的规律，即由逻辑切换规则判定在何时将系统切换到哪一个子系统，系统的状态就在相应时刻切换到相应的子系统。图 3.1 为切换系统基本切换原理示意图。

一般而言，切换系统主要具有如下特点[123]。

（1）系统内同时存在着性质不同的两类变量：一类是离散事件状态变量，它是符号变量，其演化由事件驱动，即由切换控制规律确定；另一类是连续时间或离散时间状态变量，它是数值变量，其演化由时间驱动。

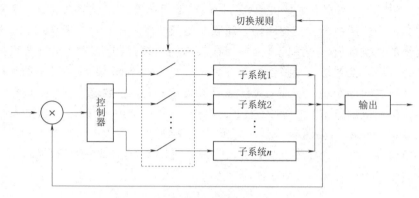

图 3.1　切换系统基本切换原理示意图

（2）连续时间或离散时间变量达到切换边界时触发离散事件发生，离散事件发生将导致切换动作产生，从而使得系统状态从一个子系统切换到另一个子系统。

（3）离散事件发生在离散时刻，并具有选择性，连续时间变量在各子系统内连续演化。

3.2.2　切换系统建模方法

目前切换系统的建模方法有很多种，比较常用的建模方法有以下两种。

（1）切换系统可以描述为[124]

$$\begin{cases} \dot{\boldsymbol{x}}(t) = f_{\sigma(t)}(\boldsymbol{x}(t), \boldsymbol{u}(t)) \\ \boldsymbol{y}(t) = g_{\sigma(t)}(\boldsymbol{x}(t)) \end{cases} \tag{3.1}$$

式中　$\boldsymbol{x}(t)$——系统的状态；

$\boldsymbol{u}(t)$——系统的控制输入；

$\boldsymbol{y}(t)$——系统的输出；

$\sigma(t)$——取值于集合 $\overline{\mathbb{N}}^{\text{def}} = \{1, 2, 3, \cdots, N\}$（$N < \infty$）的逐段常数信号，$f_i$、$g_i$（$i \in \overline{\mathbb{N}}$）为向量场。另外 $\sigma(t)$ 也可表示为

$$\sigma(t) = \{(t_0, i_0), (t_1, i_1), (t_2, i_2), \cdots, (t_k, i_k), \cdots\} \tag{3.2}$$

其中 $t_0 \leqslant t_1 \leqslant t_2 \leqslant \cdots \leqslant t_k$，$i_k \in I = \{1, 2, \cdots, N\}$，$N$ 为全部切换模式的总和；$\sigma(t)$ 表示在 t_k 时刻，系统切换到 i_k 子系统，在 $t \in [t_k, t_{k+1}]$ 内，切换系统沿着式（3.1）状态轨迹展开，(t_0, i_0) 为初始状态。

（2）切换系统用三元组[125,126]表示：

$$F = \{f_i : \boldsymbol{X}_i \times U_i \times R \to \mathbb{R}^n \mid i \in I\}$$
$$L = \{L_E \cup L_1\}$$

$$S = (D, F, L) \tag{3.3}$$

其中 $\qquad\qquad D = (I, E)$

式中　　　　D——一个表示切换系统离散结构的有向图；

I——所有子系统的符号集，$I = \{1, 2, 3, \cdots, N\}$；

E——有向集 $I \times I = \{(i, i) \mid i \in I\}$ 的子集，表示所有有效的离散事件。

F——连续子系统的动力学；

f_i——第 i 个子系统的向量场 $\dot{x} = f_i(x, u, t)$；

$X_i \subseteq \mathbb{R}^n$、$U_i \subseteq \mathbb{R}^n$——表示第 i 个子系统的状态集和控制约束集合；

L——连续状态和切换方式间的逻辑约束；

L_E——外部事件切换集，$L_E = \{\Lambda_e \mid \Lambda_e \subseteq \mathbb{R}^n, \varnothing \neq \Lambda_e \subseteq X_{i1} \bigcap X_{i2}, e = (i_1, i_2) \in E_E\}$，只有当 $x \in \Lambda_e$，$e = (i_1, i_2)$ 时，系统才有可能从子系统 i_1 切换到子系统 i_2；

L_I——内部事件切换集，$L_I = \{\Lambda_I \mid \Lambda_I \subseteq \mathbb{R}^n, \varnothing \neq \Lambda_I \subseteq X_{i1} \bigcap X_{i2}, e = (i_1, i_2) \in E_I\}$，当 $x \in \Lambda_I$ 时，系统从子系统 i_1 切换到子系统 i_2，事件 $e = (i_1, i_2)$ 被触发。

另外，离散事件集 E 是外部事件集 E_E 和内部事件集 E_I 的并，$E = E_E \bigcup E_I$，$E_E \bigcap E_I = \varnothing$。若事件 $e = (i_1, i_2)$ 发生，表示系统从子系统 i_1 切换到子系统 i_2。

无论采用切换系统的哪种建模方法，都要体现出系统中连续变量与离散变量的共存性，同时还要刻画出两者之间的相互作用。

3.3 开关变换器切换系统统一建模方法

随着电力电子技术的发展，电力电子变换器在现代工业生产和人类生活中广泛应用，为建立多电机共直流母线系统中可控开关器件变换器的切换系统模型，本节开展可控开关器件变换器的切换系统建模方法研究。

3.3.1 开关变换器切换系统模型

对于常用的 DC – AC 变换器和 DC – DC 变换器（Boost、Buck、Boost – Buck、包括多电平等），如果工作在连续电流模式（Continuous current mode, CCM），电路中的储能、耗能元件及开关器件均为理想元件或线性器件，变压器耦合系数为常数，电路中的开关器件组成互质开关对时，其电路模型可用线性切换系统表示为

$$\begin{cases} \dot{\boldsymbol{x}}(t)=\boldsymbol{A}_{\sigma(t)}\boldsymbol{x}(t)+\boldsymbol{B}_{\sigma(t)}\boldsymbol{u}(t) \\ \boldsymbol{y}(t)=\boldsymbol{F}\boldsymbol{x}(t) \end{cases} \tag{3.4}$$

其中：$\sigma(t)$ 为系统切换律，$\sigma(\cdot):[0,+\infty) \to \overline{\mathbb{N}}$，$\overline{\mathbb{N}}=\{1,2,\cdots,m\}$ 表示分段常值切换信号，$m=2^l$，l 为开关对数，$l \in \{N|1,2,\cdots,q\}$。i 表示第 i 个子系统，当 $\sigma(t)=i$ 时，表示切换系统式（3.4）的第 i 个子系统在 t 时刻被激活。$\boldsymbol{x}(t) \in \mathbb{R}^n$ 为系统状态变量，一般为电感磁通量、电容电荷等；$\boldsymbol{y}(t) \in \mathbb{R}^n$ 为系统输出（或量测）变量，一般为电感电流、电容电压等；$\boldsymbol{u}(t) \in \mathbb{R}^r$ 为系统输入变量。

$\boldsymbol{F} \in R^{n \times n}$ 为对角阵，其中的元素为储能元件参数的倒数，显然 $\boldsymbol{F}>0$。$\boldsymbol{B}_{\sigma(t)} \in R^{n \times r}$ 为输入矩阵。$\boldsymbol{A}_{\sigma(t)} \in R^{n \times n}$，与电路参数和开关器件的状态有关，可表示为[81,127]

$$\boldsymbol{A}_{\sigma(t)}=(\boldsymbol{S}_{\sigma(t)}-\boldsymbol{R}_{\sigma(t)})\boldsymbol{F} \tag{3.5}$$

其中，$\boldsymbol{S}_{\sigma(t)} \in R^{n \times n}$，由于电路中的开关器件组成互质开关对，因此 $\boldsymbol{S}_{\sigma(t)}$ 是斜对称矩阵，即 $\boldsymbol{S}_{\sigma(t)}=-\boldsymbol{S}_{\sigma(t)}^{\mathrm{T}}$。$\boldsymbol{R}_{\sigma(t)} \in R^{n \times n}$，为半正定矩阵。

对任意子系统 Σ_i，$\boldsymbol{S}_i$、$\boldsymbol{R}_i$、$\boldsymbol{B}_i$ 中第 p 对开关的状态均可用 k_i^p（$k_i^p \in \{0,1\}$）表示；系统有 l 对开关时，$\boldsymbol{S}_i$、$\boldsymbol{R}_i$、$\boldsymbol{B}_i$ 可表示为

$$\boldsymbol{S}_i=\boldsymbol{S}_0+\sum_{p=1}^{l}\boldsymbol{S}^p k_i^p \tag{3.6}$$

$$\boldsymbol{R}_i=\boldsymbol{R}_0+\sum_{p=1}^{l}\boldsymbol{R}^p k_i^p \tag{3.7}$$

$$\boldsymbol{B}_i=\boldsymbol{B}_0+\sum_{p=1}^{l}\boldsymbol{B}^p k_i^p \tag{3.8}$$

其中 $\boldsymbol{S}^p$、$\boldsymbol{R}^p$、$\boldsymbol{B}^p$ 为与第 p 对开关状态相关的矩阵，$\boldsymbol{S}_0$、$\boldsymbol{R}_0$、$\boldsymbol{B}_0$ 为与开关状态无关的矩阵，均为常数阵。

3.3.2　系统稳定性与切换律

3.3.2.1　切换平衡点

考虑切换系统式（3.4），为研究系统的稳定性，引入切换平衡点的概念。

定义 3.1　对于系统式（3.4），若存在 m 个实数 $\beta_i \geqslant 0$，且满足 $\sum_{i=1}^{m}\beta_i=1$，使得

$$\boldsymbol{A}_{\mathrm{eq}}\boldsymbol{x}(t)+\boldsymbol{B}_{\mathrm{eq}}\boldsymbol{u}(t)=0 \tag{3.9}$$

矩阵 $\boldsymbol{A}_{\text{eq}}$、$\boldsymbol{B}_{\text{eq}}$是稳定的，则称系统处于切换平衡状态，其中

$$\boldsymbol{A}_{\text{eq}} = \sum_{i=1}^{m} \beta_i \boldsymbol{A}_i = \sum_{i=1}^{m} \beta_i (\boldsymbol{S}_i - \boldsymbol{R}_i) \boldsymbol{F} \tag{3.10}$$

$$\boldsymbol{B}_{\text{eq}} = \sum_{i=1}^{m} \beta_i \boldsymbol{B}_i \tag{3.11}$$

此时系统围绕一个点在子系统之间切换，称该点为切换平衡点，用 $\boldsymbol{x}_{\text{eq}}$（或 $\boldsymbol{y}_{\text{eq}}$）表示。$\beta_i$ 为子系统持续作用时间占总切换周期的比例，称 β_i 为子系统 $\sum_i$ 在切换平衡点的占空比。若系统中有 l 对开关，第 p 对开关在切换平衡点对系统的占空比可表示为

$$\beta_{\text{eq}}^{p} = \sum_{i=1}^{m} k_i^{p} \beta_i \tag{3.12}$$

显然有 $0 \leqslant \beta_{\text{eq}}^{p} \leqslant 1$。

在对模型仿真，求取系统切换平衡点 $\boldsymbol{x}_{\text{eq}}$ 时，可将式（3.9）两边同乘 $\boldsymbol{F}$ 得

$$\dot{\boldsymbol{y}}_{\text{eq}}(t) = \boldsymbol{F} \sum_{i=1}^{m} \beta_i (\boldsymbol{S}_i - \boldsymbol{R}_i) \boldsymbol{y}(t) + \boldsymbol{F} \sum_{i=1}^{m} \beta_i \boldsymbol{B}_i \boldsymbol{u}(t) = 0 \tag{3.13}$$

把式（3.6）～式（3.8）、式（3.12）代入式（3.13）得

$$\dot{\boldsymbol{y}}(t) = \boldsymbol{F} \left[\boldsymbol{S}_0 - \boldsymbol{R}_0 + \sum_{p=1}^{l} (\boldsymbol{S}^p - \boldsymbol{R}^p) \beta_{\text{eq}}^{p} \right] \boldsymbol{y}(t) + \boldsymbol{F} \left(B_0 + \sum_{p=1}^{l} \boldsymbol{B}^p \beta_{\text{eq}}^{p} \right) \boldsymbol{u}(t) = 0$$

$$\tag{3.14}$$

然后把模型中各矩阵代入式（3.14），即可解得系统切换平衡点 $\boldsymbol{y}_{\text{eq}}$。

3.3.2.2 稳定性分析

切换系统的稳定性通常通过能量衰减域 Ω 来开展研究，系统中的一个子系统 $\sum_i$ 对应一个能量衰减域 Ω_i。各个子系统的能量衰减域覆盖整个状态空间，即 $\mathbb{R}^n = \bigcup_{i=1}^{m} \Omega_i$，其中 m 为子系统个数。通过切换律 $\sigma(t)$，使系统在子系统的能量衰减域之间切换稳定。

定理 3.1 对于系统式（3.4），若存在 m 个实数，$\alpha_i \geqslant 0$，且 $\sum_{i=1}^{m} \alpha_i = 1$，取 $\boldsymbol{F}$ 为 Lyapunov 函数的正定对称矩阵时，则存在切换律 $\sigma(t)$，在 $\sigma(t)$ 作用下，使得系统在切换平衡点 $\boldsymbol{y}_{\text{eq}}$ 是稳定的。

证明：取 m 个实数，$\alpha_i \geqslant 0$，且 $\sum\limits_{i=1}^{m}\alpha_i=1$，当 $\boldsymbol{P}=\boldsymbol{F}$ 时，由于 $\boldsymbol{F}>0$，系统的 Lyapunov 函数 $V(\boldsymbol{x}-\boldsymbol{x}_{\mathrm{eq}})=(\boldsymbol{x}-\boldsymbol{x}_{\mathrm{eq}})^{\mathrm{T}}\boldsymbol{P}(\boldsymbol{x}-\boldsymbol{x}_{\mathrm{eq}})>0$，$(\boldsymbol{x}\neq\boldsymbol{x}_{\mathrm{eq}})$。若系统运行在子系统 Σ_i，那么

$$
\begin{aligned}
\dot{V}(\boldsymbol{x}-\boldsymbol{x}_{\mathrm{eq}})&=\dot{V}_i(\boldsymbol{x}-\boldsymbol{x}_{\mathrm{eq}})=2(\boldsymbol{x}-\boldsymbol{x}_{\mathrm{eq}})^{\mathrm{T}}\boldsymbol{F}\dot{\boldsymbol{x}}\\
&=2(\boldsymbol{y}-\boldsymbol{y}_{\mathrm{eq}})^{\mathrm{T}}[(\boldsymbol{S}_i-\boldsymbol{R}_i)\boldsymbol{y}+\boldsymbol{B}_i\boldsymbol{u}]
\end{aligned}
\tag{3.15}
$$

将式 (3.6)~式 (3.8) 代入式 (3.15) 得

$$
\begin{aligned}
\dot{V}(\boldsymbol{x}-\boldsymbol{x}_{\mathrm{eq}})=2(\boldsymbol{y}-\boldsymbol{y}_{\mathrm{eq}})^{\mathrm{T}}\Big[\Big(\boldsymbol{S}_0+\sum_{p=1}^{l}\boldsymbol{S}^p k_i^p-\boldsymbol{R}_0-\sum_{p=1}^{l}\boldsymbol{R}^p k_i^p\Big)\boldsymbol{y}\\
+\Big(\boldsymbol{B}_0+\sum_{p=1}^{l}\boldsymbol{B}^p k_i^p\Big)\boldsymbol{u}\Big]
\end{aligned}
\tag{3.16}
$$

根据切换平衡点定义，进一步得到

$$
\begin{aligned}
\dot{V}(\boldsymbol{x}-\boldsymbol{x}_{\mathrm{eq}})=\dot{V}_i(\boldsymbol{x}-\boldsymbol{x}_{\mathrm{eq}})=-2(\boldsymbol{y}-\boldsymbol{y}_{\mathrm{eq}})^{\mathrm{T}}\boldsymbol{R}_i(\boldsymbol{y}-\boldsymbol{y}_{\mathrm{eq}})\\
+2(\boldsymbol{y}-\boldsymbol{y}_{\mathrm{eq}})^{\mathrm{T}}\sum_{p=1}^{l}[(\boldsymbol{S}^p-\boldsymbol{R}^p)\boldsymbol{y}_{\mathrm{eq}}+\boldsymbol{B}^p\boldsymbol{u}](k_i^p-\beta_{\mathrm{eq}}^p)
\end{aligned}
\tag{3.17}
$$

由于 $\boldsymbol{R}_i$ 为半正定，则有 $-(\boldsymbol{y}-\boldsymbol{y}_{\mathrm{eq}})^{\mathrm{T}}\boldsymbol{R}_i(\boldsymbol{y}-\boldsymbol{y}_{\mathrm{eq}})\leqslant 0$。由于 $k_{ip}\in\{0,1\}$，$0<\beta_{\mathrm{eq}}^p<1$，必有 $\min\limits_{i\in\overline{\mathbb{N}}}\{\dot{V}_i(\boldsymbol{x}-\boldsymbol{x}_{\mathrm{eq}})\}\leqslant 0$，取切换律为

$$
\sigma(t)=\arg\min_{i\in\overline{\mathbb{N}}}\{\dot{V}_i(\boldsymbol{x}-\boldsymbol{x}_{\mathrm{eq}})\}
\tag{3.18}
$$

时，那么 $\dot{V}(\boldsymbol{x}-\boldsymbol{x}_{\mathrm{eq}})=\dot{V}_i(\boldsymbol{x}-\boldsymbol{x}_{\mathrm{eq}})<0$，系统在切换平衡点是稳定的。

当系统运行在子系统 Σ_i 时，若 $\dot{V}(\boldsymbol{x}-\boldsymbol{x}_{\mathrm{eq}})=\dot{V}_i(\boldsymbol{x}-\boldsymbol{x}_{\mathrm{eq}})<0$，系统运行在能量衰减域 Ω_i 内，向切换平衡点靠近，系统是稳定的；若 $\dot{V}(\boldsymbol{x}-\boldsymbol{x}_{\mathrm{eq}})=\dot{V}_i(\boldsymbol{x}-\boldsymbol{x}_{\mathrm{eq}})>0$，由于 $0\leqslant\beta_{\mathrm{eq}}^p\leqslant 1$，$k^p\in\{0,1\}$，可知 $\dot{V}_i(\boldsymbol{x}-\boldsymbol{x}_{\mathrm{eq}})$ 已不再是最小值，根据式 (3.18) 的切换律，若 $\dot{V}_j(\boldsymbol{x}-\boldsymbol{x}_{\mathrm{eq}})$ 为最小值，$\sigma(t)=j$，系统切换至第 j 个子系统，$\dot{V}(\boldsymbol{x}-\boldsymbol{x}_{\mathrm{eq}})=\dot{V}_j(\boldsymbol{x}-\boldsymbol{x}_{\mathrm{eq}})<0$，系统运行在子系统 Σ_j 的能量衰减域 Ω_j 内，仍向切换平衡点靠近，系统也是稳定的。因此系统在子系统的能量衰减域之间切换，渐近靠近切换平衡点，或在切换平衡点周围子系统的能量衰减域之间稳定切换，系统是稳定的。各子系统的占空比 α_i 根据系统状态由切换律调整，系统切换平衡时 $\alpha_i=\beta_i$。

注释3.1 当系统中只有一对开关器件时，即 $l=1$，$m=2$，系统只有 Σ_1、Σ_2 两个子系统，那么

$$\dot{V}_1(\boldsymbol{x}-\boldsymbol{x}_{eq})=-2(\boldsymbol{y}-\boldsymbol{y}_{eq})^{\mathrm{T}}\boldsymbol{R}_1(\boldsymbol{y}-\boldsymbol{y}_{eq})+2(\boldsymbol{y}-\boldsymbol{y}_{eq})^{\mathrm{T}}$$
$$\left[(\boldsymbol{S}^1-\boldsymbol{R}^1)\boldsymbol{y}_{eq}+\boldsymbol{B}^1\boldsymbol{u}\right](k_1^1-\beta_{eq}^1) \tag{3.19}$$

$$\dot{V}_2(\boldsymbol{x}-\boldsymbol{x}_{eq})=-2(\boldsymbol{y}-\boldsymbol{y}_{eq})^{\mathrm{T}}\boldsymbol{R}_2(\boldsymbol{y}-\boldsymbol{y}_{eq})+2(\boldsymbol{y}-\boldsymbol{y}_{eq})^{\mathrm{T}}$$
$$\left[(\boldsymbol{S}^1-\boldsymbol{R}^1)\boldsymbol{y}_{eq}+\boldsymbol{B}^1\boldsymbol{u}\right](k_2^1-\beta_{eq}^1) \tag{3.20}$$

由于 k_1^1、k_2^1 互为"0""1"，因此 $(k_1^1-\beta_{eq}^1)$、$(k_2^1-\beta_{eq}^1)$ 互为正负，那么 $2(\boldsymbol{y}-\boldsymbol{y}_{eq})^{\mathrm{T}}\left[(\boldsymbol{S}^1-\boldsymbol{R}^1)\boldsymbol{y}_{eq}+\boldsymbol{B}^1\boldsymbol{u}\right](k_2^1-\beta_{eq}^1)$、$2(\boldsymbol{y}-\boldsymbol{y}_{eq})^{\mathrm{T}}\left[(\boldsymbol{S}^1-\boldsymbol{R}^1)\boldsymbol{y}_{eq}+\boldsymbol{B}^1\boldsymbol{u}\right]$ $(k_1^1-\beta_{eq}^1)$ 互为正负。

当系统运行在子系统 Σ_1 时，若 $\dot{V}(\boldsymbol{x}-\boldsymbol{x}_{eq})=\dot{V}_1(\boldsymbol{x}-\boldsymbol{x}_{eq})<0$，系统向切换平衡点靠近，是稳定的；若 $\dot{V}(\boldsymbol{x}-\boldsymbol{x}_{eq})=\dot{V}_1(\boldsymbol{x}-\boldsymbol{x}_{eq})>0$，由于 $-2(\boldsymbol{y}-\boldsymbol{y}_{eq})^{\mathrm{T}}\boldsymbol{R}_1(\boldsymbol{y}-\boldsymbol{y}_{eq})<0$，因此 $2(\boldsymbol{y}-\boldsymbol{y}_{eq})^{\mathrm{T}}\left[(\boldsymbol{S}^1-\boldsymbol{R}^1)\boldsymbol{y}_{eq}+\boldsymbol{B}^1\boldsymbol{u}\right](k_1^1-\beta_{eq}^1)>0$，那么 $2(\boldsymbol{y}-\boldsymbol{y}_{eq})^{\mathrm{T}}\left[(\boldsymbol{S}^1-\boldsymbol{R}^1)\boldsymbol{y}_{eq}+\boldsymbol{B}^1\boldsymbol{u}\right](k_2^1-\beta_{eq}^1)<0$，$\dot{V}(\boldsymbol{x}-\boldsymbol{x}_{eq})=\dot{V}_2(\boldsymbol{x}-\boldsymbol{x}_{eq})<0$，根据式（3.18）切换律，$\dot{V}_2(\boldsymbol{x}-\boldsymbol{x}_{eq})$ 取最小值，$\sigma(t)=2$，系统已切换至子系统 Σ_2，仍向切换平衡点靠近，系统是稳定的。当系统运行在子系统 Σ_2 时亦然。因此，在切换律 $\sigma(t)$ 作用下，系统在两个能量衰减域的重叠区域渐近稳定，或在平衡点周围子系统能量衰减域之间切换稳定。

3.3.2.3 系统切换律

1. 滑模切换律

一般情况下当 $\boldsymbol{R}_1=\cdots=\boldsymbol{R}_m$ 时，式（3.18）的切换律等价于

$$\sigma(t)=\arg\min_{i\in\overline{\mathbb{N}}}\left\{(\boldsymbol{y}-\boldsymbol{y}_{eq})^{\mathrm{T}}\sum_{p=1}^{l}\left[((\boldsymbol{S}_i^p-\boldsymbol{R}_i^p)\boldsymbol{y}_{eq}+\boldsymbol{B}_i^p\boldsymbol{u})(k_i^p-\beta_{eq}^p)\right]\right\}$$

$$\tag{3.21}$$

即使 $\boldsymbol{R}_1\neq\cdots\neq\boldsymbol{R}_m$，由于 $-(\boldsymbol{y}-\boldsymbol{y}_{eq})^{\mathrm{T}}\sum_{i=1}^{m}\boldsymbol{R}_i(\boldsymbol{y}-\boldsymbol{y}_{eq})<0$，切换律取式（3.21）时，系统在切换平衡点也是稳定的。可以看出式（3.21）函数体内的表达式是关于输出（或量测）变量的一次函数，各子系统能量衰减域之间没有重叠，导致系统在子系统的能量衰减域边界反复切换，产生滑模现象。

2. 渐近稳定切换律

若系统运行在子系统 Σ_i，取切换律为

当 $\dot{V}_i(\boldsymbol{x}-\boldsymbol{x}_{\mathrm{eq}})\geqslant 0$ 时，　　$\sigma(t)=\arg\min_{j\in\mathbb{N}}\{\dot{V}_j(\boldsymbol{x}-\boldsymbol{x}_{\mathrm{eq}})\}$　　(3.22)

由于 $\dot{V}_j(\boldsymbol{x}-\boldsymbol{x}_{\mathrm{eq}})$ 是关于输出（或量测）变量的二次函数，各子系统的能量衰减域之间相互重叠。当 $\dot{V}_i(\boldsymbol{x}-\boldsymbol{x}_{\mathrm{eq}})$ 不再取最小值，而 $\dot{V}_j(\boldsymbol{x}-\boldsymbol{x}_{\mathrm{eq}})$ 为最小值，且 $\dot{V}_i(\boldsymbol{x}-\boldsymbol{x}_{\mathrm{eq}})<0$ 时，虽然系统距子系统 Σ_i 的能量衰减域 Ω_i 边界还有距离，却已到达子系统 Σ_j 的能量衰减域 Ω_j，系统不发生切换，在两个子系统能量衰减域的重叠区域内运行，只有当 $\dot{V}_i(\boldsymbol{x}-\boldsymbol{x}_{\mathrm{eq}})\geqslant 0$，系统到达或越过子系统 Σ_i 的能量衰减域 Ω_i 边界时，系统才切换到第 j 个子系统，在子系统 Σ_j 的能量衰减域 Ω_j 内运行，因此该切换律有效减少了开关次数。系统将在子系统能量衰减域的重叠区域内切换渐近到达切换平衡点，系统是渐近稳定的。

3. 准切换平衡点切换律

取矩阵 $\boldsymbol{F}$ 作为 Lyapunov 函数的对称正定阵时，切换律唯一依赖的参数是切换平衡点。对于 DC - AC 变换器，由于其输出电压不断发生变化，系统并不存在严格意义上的切换平衡点，总是处于过渡过程中，在一个采样周期内由于其电压变化很小，可以认为是常量，基于此得到的切换平衡点，称为准切换平衡点，准切换平衡点的不断变化构成了 DC - AC 变换器的动态过程。若系统输出接有滤波电容，由于系统总是处于过渡过程，因此在准切换平衡点，$i_{\mathrm{c}}=C\dfrac{\mathrm{d}u_{\mathrm{c}}}{\mathrm{d}t}\neq 0$，致使实际输出小于期望输出并且滞后于期望输出。为使实际输出与期望输出同幅值同相位，须在变换器的切换率中，引入电容对于准切换平衡点的充放电流 $i_{\mathrm{c}}=C\dfrac{\mathrm{d}u_{\mathrm{c}}}{\mathrm{d}t}$。

3.3.3　开关变换器切换系统模型的统一建模方法和步骤

随着变换器开关器件的增多，变换器的工作模态增加，建模变得越来越困难，因此开展建模方法和步骤研究也显得尤为重要。下面概括地给出 3.3.1 节所述模型的建模方法和一般步骤。

3.3.3.1　建立变换器开关等效电路

对于一个具体的变换器电路，通过分析其动态过程，可得到变换器的开关等效电路。具体方法如下。

（1）把多个等效开关视为一个。

（2）把开关器件配成互质开关对，为满足开关互质配对的要求，可以增加事实上存在的虚拟开关。

（3）把多对等效互质开关对视为一对。

3.3.3.2 确定状态变量

通常取电感元件的磁通量和电容元件的电荷作为状态变量，状态变量个数一般为储能元件的个数。

3.3.3.3 确定模型中各对应矩阵

（1）矩阵 F。F 中的元素 $r_{j,k}$ 取值为：当 $j=k$ 时，$r_{j,k}=\dfrac{1}{Y}$，当 $j \neq k$ 时，$r_{j,k}=0$，其中 Y 为与状态变量相对应的储能元件的参数。

（2）矩阵 R_0、R^p。R_0 和 R^p 为电路中耗能元件矩阵，由耗能元件参数及开关器件状态确定，其中 R_0 为与开关器件状态无关的耗能元件矩阵，R^p 为与第 p 对开关器件状态有关的耗能元件矩阵。矩阵元素 $r_{j,k}$ 的取值见表 3.1。

表 3.1 R_0、R^p 元素取值表

矩阵	在第 j 个状态方程中，第 k 个状态变量与耗能元件的作用关系	与第 p 对开关的关系	状态变量	元素 $r_{j,k}$
R_0	√	×	磁通量	R
	√	×	电荷	$1/R$
	×	○	○	0
	○	√	○	0
R^p	√	√	磁通量	R
	√	√	电荷	$1/R$
	×	○	○	0
	○	×	○	0

注 表中√表示有作用关系；×表示无作用关系；○表示任意关系。

（3）矩阵 S_0、S^p。S_0、S^p 为状态变量与开关器件状态的关系矩阵，其中 S_0 为基矩阵，是状态变量与开关状态无关的矩阵，S^p 为状态变量与第 p 对开关器件状态的关系矩阵。矩阵元素 $r_{j,k}$ 取值见表 3.2。表中取"1"或"-1"由状态变量的方向和对开关状态的赋值确定。

表 3.2　　　　　　　　　　　S_0、S^p 元素取值表

矩阵	在第 j 个状态方程中与第 k 个状态变量与耗能元件的作用关系	与第 p 对开关的关系	元素 $r_{j,k}$
S_0	√	×	1 或 −1
	×	○	0
	○	√	0
S^p	√	√	1 或 −1
	×	○	0
	○	×	0

注　表中√表示有作用关系；×表示无作用关系；○表示任意关系。

（4）矩阵 $\boldsymbol{B}_0$、$\boldsymbol{B}^p$。$\boldsymbol{B}_0$、$\boldsymbol{B}^p$ 为输入变量的输入矩阵，其中元素的值由表 3.3 可得。表中 $\boldsymbol{B}_0$ 取 "1" 或 "−1" 由状态变量的方向和对开关状态的赋值确定，$\boldsymbol{B}^p$ 取 "1" 或 "−1"、"−2" 或 "0"、"0" 或 "2" 由对开关状态赋值和 $\boldsymbol{B}_0$ 的取值确定。

表 3.3　　　　　　　　　　　$\boldsymbol{B}_0$、$\boldsymbol{B}^p$ 元素取值表

矩阵	在第 j 个状态方程中与第 k 个输入变量与耗能元件的作用关系	与第 p 对开关的关系	输入极性倒相	元素 $r_{j,k}$
$\boldsymbol{B}_0$	√	×	×	1 或 −1
	√	√	√	1 或 −1
	×	○	○	0
	○	√	○	0
$\boldsymbol{B}^p$	√	√	×	1 或 −1
	√	√	√	−2 或 0、0 或 2
	×	○	○	0
	○	√	○	0

注　表中√表示有作用关系；×表示无作用关系；○表示任意关系。

需要注意是矩阵 S^p、$\boldsymbol{B}^p$、S_0、$\boldsymbol{B}_0$ 的取值并不唯一，只要矩阵与系统的动态行为一致，并满足模型对矩阵的约束即可。

（5）把步骤（3）得到的各矩阵代入式（3.4）～式（3.8），即可得到系统模型。

3.4 开关变换器的切换系统模型

3.4.1 DC‐AC 变换器的切换系统模型

图 3.2 是工作在连续电流模式（CCM）下的 DC‐AC 变换器电路。其中：E 为直流电源，S_1、S_2、S_3、S_4 为开关器件，L 为滤波电感，r 为滤波电感内阻，C 为滤波电容，R 为负载电阻。

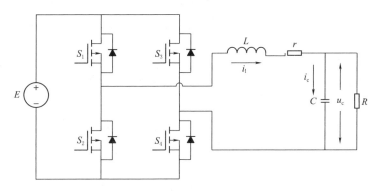

图 3.2　DC‐AC 变换器电路

3.4.1.1　建立 DC‐AC 变换器开关等效电路

分析 DC‐AC 变换器工作原理，开关管 S_1 和 S_4 等效，S_2 和 S_3 等效，可分别视为一个开关，用 K_1、K_2 表示。K_1 的导通和截止，形成交流电的正半周，K_1 截止时，由 K_2 管内的二极管续流，相当于 K_2 导通；同理 K_2 截止时，由 K_1 管内的二极管续流。由于电路工作在连续电流模式（CCM）下，K_1、K_2 实际上构成一对互质开关，即 K_1 截止时 K_2 导通，K_1 导通时 K_2 截止。其开关等效电路如图 3.3 所示。

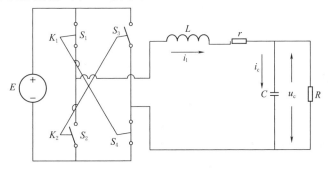

图 3.3　DC‐AC 变换器开关等效电路

3.4.1.2 确定状态变量

图 3.3 等效电路中储能元件有电感 L 和电容 C。因此状态变量可取为 $x = [\psi \quad q]^T$。

3.4.1.3 确定模型中各对应矩阵

根据 3.3.3 节介绍的方法，DC-AC 变换器各对应的矩阵为

$$x = [\psi \quad q]^T, \quad y = [i_1 \quad u_c]^T, \quad u = E, \quad F = \begin{bmatrix} \dfrac{1}{L} & 0 \\ 0 & \dfrac{1}{C} \end{bmatrix}。$$

$$R_0 = \begin{bmatrix} r & 0 \\ 0 & \dfrac{1}{R} \end{bmatrix}, \quad R^1 = \begin{bmatrix} 0 & 0 \\ 0 & 0 \end{bmatrix}, \quad \text{得 } R_1 = R_2 = \begin{bmatrix} r & 0 \\ 0 & \dfrac{1}{R} \end{bmatrix}。$$

$$S_0 = \begin{bmatrix} 0 & -1 \\ 1 & 0 \end{bmatrix}, \quad S^1 = \begin{bmatrix} 0 & 0 \\ 0 & 0 \end{bmatrix}, \quad \text{得 } S_1 = S_2 = \begin{bmatrix} 0 & -1 \\ 1 & 0 \end{bmatrix}。$$

$$B_0 = \begin{bmatrix} 1 \\ 0 \end{bmatrix}, \quad B^1 = \begin{bmatrix} -2 \\ 0 \end{bmatrix}, \quad \text{得：} B_1 = \begin{bmatrix} -1 \\ 0 \end{bmatrix}、B_2 = \begin{bmatrix} 1 \\ 0 \end{bmatrix}。$$

把对应矩阵代入式（3.5），可得 $A_1 = A_2 = \begin{bmatrix} -\dfrac{r}{L} & -\dfrac{1}{L} \\ \dfrac{1}{C} & -\dfrac{1}{RC} \end{bmatrix}$，至此得到

DC-AC变换器切换线性系统模型。

3.4.1.4 确定系统切换平衡点

令 $y_{eq} = [i_{leq} \quad u_c]^T$，把对应矩阵代入式（3.14），解得系统准切换平衡点：$\beta_{eq}^1 = \dfrac{E - u_c(t)}{2E}$，$i_{leq} = \dfrac{u_c(t)}{R}$。

3.4.1.5 DC-AC 变换器切换系统模型仿真分析

取仿真参数 $C = 20\mu F$，$L = 4.5 mH$，$E = 300V$，$r = 0.4\Omega$，$R = 100\Omega$，期望输出 $u_c = 300\sin 100\pi t$。设系统初始值 $i_{l0} = u_{c0} = 0$。

取式（3.21）的切换律时，仿真结果如图 3.4 所示，图中实线为实际输出电压波形，虚线为期望输出电压波形。从图 3.4 可以看出输出电压低于期望电压，并且滞后于期望电压。在式（3.21）的切换律中，引入相对准切换平衡点

的电容充放电电流 $i_c = C\dfrac{\mathrm{d}u_c(t)}{\mathrm{d}t}$ 后，仿真结果如图 3.5 所示。此时输出电压、相位与期望电压、相位完全相同，验证了对切换律的分析。系统电感电流与输出电压相轨迹如图 3.6 所示。

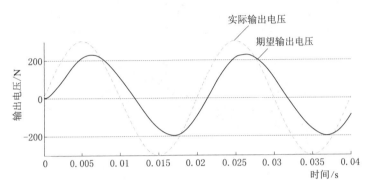

图 3.4　输出电压波形

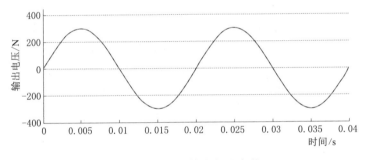

图 3.5　改进后输出电压波形

3.4.2　三电平 DC – DC 变换器的切换系统模型

由于变换器类型很多，仅以三电平 Buck 型 DC – DC 变换器为例，建立其切换线性系统模型，进行仿真研究。

3.4.2.1　建立变换器开关等效电路

图 3.7 是工作在 CCM 模式的三电平 Buck 型 DC – DC 变换器的等效电路，图中 S_1 和 D_1、S_2 和 D_2 构成两对互质开关。

3.4.2.2　确定状态变量

图 3.6 中有 3 个储能元件，因此系统状态变量可取为 $\boldsymbol{x} = \begin{bmatrix} \psi & q_1 & q_2 \end{bmatrix}^{\mathrm{T}}$。

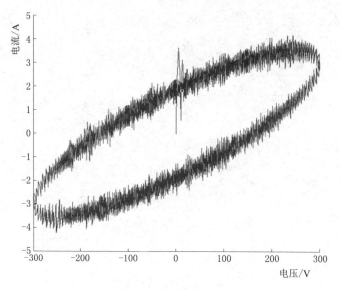

图 3.6　电感电流与输出电压相轨迹

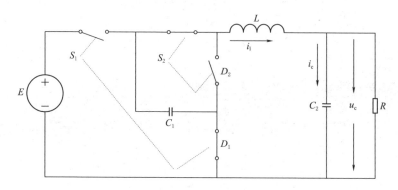

图 3.7　三电平 Buck 型 DC－DC 变换器等效电路

3.4.2.3　确定模型中各对应矩阵

由前面已介绍的矩阵取值方法，三电平 Buck 型变换器模型中各对应的矩阵为

$$u(t)=E,\quad \boldsymbol{F}=\begin{bmatrix} \dfrac{1}{L} & 0 & 0 \\[2mm] 0 & \dfrac{1}{C_1} & 0 \\[2mm] 0 & 0 & \dfrac{1}{C_2} \end{bmatrix}\circ\ \boldsymbol{R}_0=\begin{bmatrix} 0 & 0 & 0 \\ 0 & 0 & 0 \\ 0 & 0 & \dfrac{1}{R} \end{bmatrix},\quad \boldsymbol{R}^1=\boldsymbol{R}^2=\begin{bmatrix} 0 & 0 & 0 \\ 0 & 0 & 0 \\ 0 & 0 & 0 \end{bmatrix}\circ$$

$$\boldsymbol{S}_0 = \begin{bmatrix} 0 & 0 & -1 \\ 0 & 0 & 0 \\ 1 & 0 & 0 \end{bmatrix}, \boldsymbol{S}^1 = \begin{bmatrix} 0 & -1 & 0 \\ 1 & 0 & 0 \\ 0 & 0 & 0 \end{bmatrix}, \boldsymbol{S}^2 = \begin{bmatrix} 0 & 1 & 0 \\ -1 & 0 & 0 \\ 0 & 0 & 0 \end{bmatrix}。 \boldsymbol{B}_0 = \begin{bmatrix} 0 \\ 0 \\ 0 \end{bmatrix}, \boldsymbol{B}^1 = \begin{bmatrix} 1 \\ 0 \\ 0 \end{bmatrix}, \boldsymbol{B}^2 = \begin{bmatrix} 0 \\ 0 \\ 0 \end{bmatrix}。$$

至此得到三电平 Buck 型 DC－DC 变换器切换线性系统模型。

3.4.2.4 确定系统切换平衡点

把 F、R_0、R^1、R^2、S_0、S^1、S^2、B_0、B^1、B^2 代入式（3.14）可解得系统切换平衡点为：$\beta_{eq}^1 = \dfrac{u_{eq}^2}{E}$，$\beta_{eq}^2 = \dfrac{u_{eq}^2}{E}$，$i_{1eq} = \dfrac{u_{eq}^2}{R}$。

3.4.2.5 三电平 DC－DC 变换器仿真分析

仿真参数为：$C_1 = 6.8\mu F$，$C_2 = 100\mu F$，$L = 0.5mH$，$E = 60V$，$R = 10\Omega$，系统初始值 $i_{10} = u_{10} = u_{20} = 0$。$0 \sim 25ms$ 时的期望电压 $u_1 = 45V$、$u_2 = 30V$，$25 \sim 50ms$ 时的期望电压 $u_1 = 50V$、$u_2 = 40V$，仿真结果如图 3.8 所示，其中图 3.8（a）为电感电流，图 3.8（b）为电容 C_1 的电压 u_1，图 3.8（c）为输出电压 u_2，图 3.8（d）为系统的 $\dot{V}(\boldsymbol{x} - \boldsymbol{x}_{eq})$。从图 3.8 可以看出，系统达到切换稳态时，期望电压与实际输出电压稳态误差小于 0.5%，系统的 $\dot{V}(\boldsymbol{x} - \boldsymbol{x}_{eq}) < 0$。图 3.8（e）和图 3.8（f）分别为采用式（3.21）和式（3.22）切换律切换信号的局部放大图，从图中可以看出，采用式（3.22）切换律比采用式（3.21）切换律减小了开关次数。

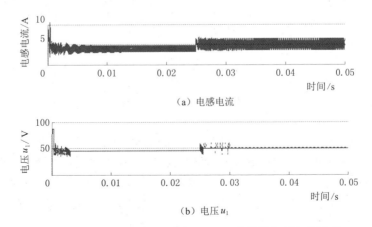

（a）电感电流

（b）电压 u_1

图 3.8（一）　三电平 Buck 型 DC－DC 变换器电压电流波形

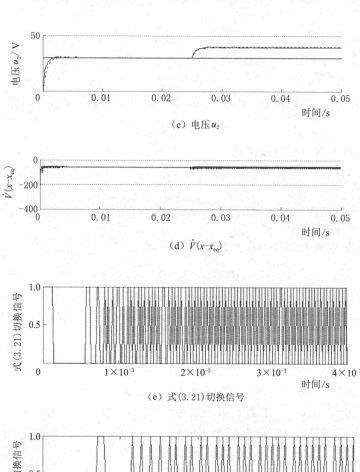

(c) 电压 u_2

(d) $\dot{V}(x-x_{eq})$

(e) 式(3.21)切换信号

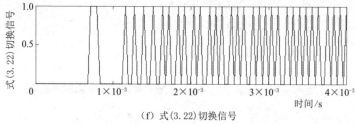

(f) 式(3.22)切换信号

图 3.8（二）　三电平 Buck 型 DC‐DC 变换器电压电流波形

　　0～25ms 时输出电压与电感电流相轨迹如图 3.9 所示。从图中可以看出，采用式（3.21）切换律时，系统发生滑模现象，沿两个能量衰减域的交界面迅速到达切换平衡点。采用式（3.22）切换律时，系统在能量衰减域的重叠区域内渐近到达切换平衡点，是渐近稳定的。比较两种切换律的相轨迹同样可以发现，式（3.22）切换律比式（3.21）切换律减少了开关次数。

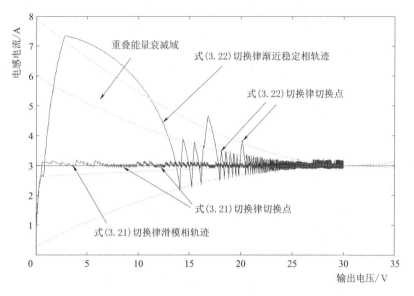

图 3.9　三电平 Buck 型 DC‑DC 变换器输出电压与电感电流相轨迹

3.5　不可控整流器的切换系统模型

上一节研究了可控开关器件的电力电子变换器建模方法，为第 4 章建立多电机共直流母线系统中储能子系统的切换系统模型打好基础。为降低成本，系统中大的整流装置一般是由不可控器件构成，本节建立由不可控器件构成的整流子系统的切换系统模型。

3.5.1　整流器的等效电路

由第 2 章的广义模型可知，系统中不论是有多个整流装置，还是有一个整流装置，系统的整流子系统均可等效于一个大的整流装置，其电路如图 3.10 所示。

图中 L'、r' 分别为电感和电阻，C_Σ 为直流母线上的电容，$i_{\mathrm{SD}}(t)$ 为系统储能子系统电流，$i_{\mathrm{MM}}(t)$ 为系统多电机子系统电流。

整流电路是由具有开关特性的二极管组成，因此图 3.10 中的二极管可看作一个电子开关电路，该电路可等效于图 3.11 所示电路。L、r 为电网侧电感和电阻，C_Σ 为系统直流母线的总电容，s_1、s_2、s_3 为整流器件的等效开关，$i_{\mathrm{u}}(t)$、$i_{\mathrm{v}}(t)$、$i_{\mathrm{w}}(t)$ 为每相整流输出电流，$i_{\mathrm{RE}}(t)$ 为整流装置输出电流。$u_{\mathrm{u}}(t)$、$u_{\mathrm{v}}(t)$、$u_{\mathrm{w}}(t)$ 为三相正弦线电压，则

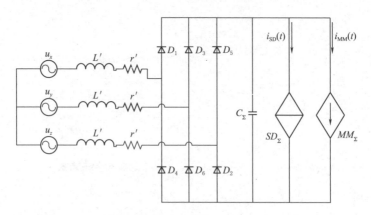

图 3.10　整流子系统及系统电路

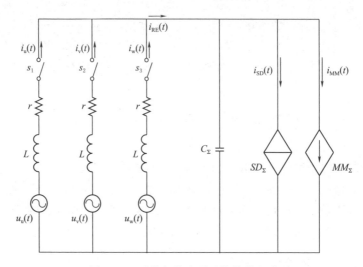

图 3.11　系统与整流子系统等效电路

$$u_u(t) = |u_x(t) - u_y(t)| \qquad (3.23)$$

$$u_v(t) = |u_y(t) - u_z(t)| \qquad (3.24)$$

$$u_w(t) = |u_z(t) - u_x(t)| \qquad (3.25)$$

3.5.2　整流器的切换系统模型

电网、整流电路虽是常见的三相整流电路，但由于二极管的开关作用，却是混杂系统，很难用常规的微分方程来求解。系统运行时，在由"开"和"关"所组成的两子系统之间切换。

为了分析方便，首先定义描述开关状态的开关函数 k^p 为

$$k^p = \begin{cases} 1, \text{开关闭合} \\ 0, \text{开关断开} \end{cases} \quad (p=1,2,3) \tag{3.26}$$

以 u 相为例，只有一个等效开关 k^1，也就只存在两个子 Σ_1 和 Σ_2 系统。当 $k_1^1 = 0$ 时，u 相运行在子系统 Σ_1，其状态方程为

$$\dot{i}_u(t) = 0 \tag{3.27}$$

此时 $i_u(t) = 0 \wedge u_u(t) \leqslant u_c(t)$。

$k_2^1 = 1$ 时，u 相运行在子系统 Σ_2，其状态方程为

$$\dot{i}_u(t) = \frac{-r i_u(t) + u_u(t) - u_c(t)}{L} \tag{3.28}$$

此时 $i_u(t) > 0 \vee [i_u(t) = 0 \wedge u_u(t) > u_c(t)]$。

因此，u 相两个子系统之间的切换过程如图 3.12 所示。

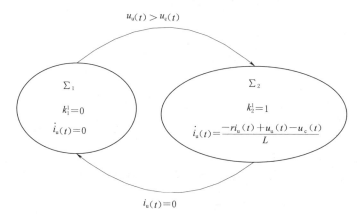

图 3.12 u 相 Σ_1、Σ_2 子系统切换示意图

u 相可用切换系统表示为

$$\dot{i}_u(t) = \boldsymbol{A}_{\sigma(t)} i_u(t) + \boldsymbol{B}_{\sigma(t)} u(t) \tag{3.29}$$

其中，$\boldsymbol{A}_1 = 0$，$\boldsymbol{B}_1 = 0$，$\boldsymbol{A}_2 = -\dfrac{r}{L}$，$\boldsymbol{B}_2 = -\dfrac{u_c(t)}{L}$，$u(t) = u_c(t)$。

u 相切换率为

$$\sigma(t) = \begin{cases} 1, & i_u = 0 \wedge u_c(t) \geqslant u_u(t) \\ 2, & i_u > 0 \end{cases} \tag{3.30}$$

v 相、w 相与 u 相类似，整流系统有三开关 k^1、k^2、k^3，共对应有 8 种组合，即 000、001、010、011、100、101、110、111，这 8 种组合分别对应 8

个子系统 $\sum_i$ 和 8 个 k_i^1、k_i^2、k_i^3 值（$i=1,2,\cdots,8$）。其各子系统相互切换示意图如图 3.13 所示。

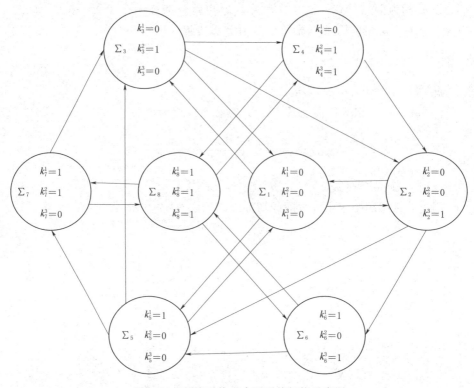

图 3.13 整流系统 8 个子系统切换示意图

那么整流系统可用切换系统描述为

$$\begin{cases} \dot{\boldsymbol{x}}(t)=\boldsymbol{A}_{\sigma(t)}\boldsymbol{x}(t)+\boldsymbol{B}_{\sigma(t)}\boldsymbol{u}(t) \\ \boldsymbol{y}(t)=\boldsymbol{C}_{\sigma(t)}\boldsymbol{x}(t) \end{cases} \tag{3.31}$$

其中，$\boldsymbol{x}(t)=[\begin{matrix} i_{\mathrm{u}} & i_{\mathrm{v}} & i_{\mathrm{w}} & u_{\mathrm{c}} \end{matrix}]^{\mathrm{T}}$，$\boldsymbol{u}(t)=[\begin{matrix} u_{\mathrm{u}} & u_{\mathrm{v}} & u_{\mathrm{w}} & i_{\mathrm{SD}}+i_{\mathrm{MM}} \end{matrix}]^{\mathrm{T}}$，$\boldsymbol{y}(t)$ 为系统输出，即 $i_{\mathrm{RE}}(t)$。

$$\boldsymbol{A}_{\sigma(t)}=\begin{bmatrix} -k_{\sigma(t)}^1\dfrac{r}{L} & 0 & 0 & -\dfrac{k_{\sigma(t)}^1}{L} \\[2ex] 0 & -k_{\sigma(t)}^2\dfrac{r}{L} & 0 & -\dfrac{k_{\sigma(t)}^2}{L} \\[2ex] 0 & 0 & -k_{\sigma(t)}^3\dfrac{r}{L} & -\dfrac{k_{\sigma(t)}^3}{L} \\[2ex] \dfrac{k_{\sigma(t)}^1}{C} & \dfrac{k_{\sigma(t)}^2}{C} & \dfrac{k_{\sigma(t)}^3}{C} & 0 \end{bmatrix} \tag{3.32}$$

$$\boldsymbol{B}_{\sigma(t)}=\begin{bmatrix} \dfrac{k_{\sigma(t)}^{1}}{L} & 0 & 0 & 0 \\[2mm] 0 & \dfrac{k_{\sigma(t)}^{2}}{L} & 0 & 0 \\[2mm] 0 & 0 & \dfrac{k_{\sigma(t)}^{3}}{L} & 0 \\[2mm] 0 & 0 & 0 & -\dfrac{1}{C} \end{bmatrix} \qquad (3.33)$$

$$\boldsymbol{C}_{\sigma(t)}=\begin{bmatrix} 1 & 1 & 1 & 0 \end{bmatrix} \qquad (3.34)$$

前面定义的 8 种组合，分别对应 8 个子系统 $\sum_{i}(i=1,2,\cdots,8)$，每个子系统对应一种电路拓扑和相应的状态方程。以 $\sum_{5}$ 为例，即 $i=5$，k_{5}^{1}、k_{5}^{2}、k_{5}^{3} 对应 100 组合，将 $k_{5}^{1}=1$、$k_{5}^{2}=0$、$k_{5}^{3}=0$ 对应的值分别代入式（3.32）、式（3.33），此时

$$\boldsymbol{A}_{5}=\begin{bmatrix} -\dfrac{r}{L} & 0 & 0 & -\dfrac{1}{L} \\[2mm] 0 & 0 & 0 & 0 \\[2mm] 0 & 0 & 0 & 0 \\[2mm] \dfrac{1}{C} & 0 & 0 & 0 \end{bmatrix}, \quad \boldsymbol{B}_{5}=\begin{bmatrix} \dfrac{1}{L} & 0 & 0 & 0 \\[2mm] 0 & 0 & 0 & 0 \\[2mm] 0 & 0 & 0 & 0 \\[2mm] 0 & 0 & 0 & -\dfrac{1}{C} \end{bmatrix}。$$

同理，可以得到其他 7 种模态的电路拓扑及相应的系统状态矩阵。对矩阵 $\boldsymbol{C}_{\sigma(t)}$ 则不受切换过程的影响，而保持不变。

根据不可控开关器件二极管的特性及电路特点，可得系统切换信号为

$$\sigma(t)=\begin{cases} 1, & (i_{u}=0 \wedge u_{c}\geqslant u_{u}) \wedge (i_{v}=0 \wedge u_{c}\geqslant u_{u}) \wedge (i_{w}=0 \wedge u_{c}\geqslant u_{u}) \\ 2, & (i_{u}=0 \wedge u_{c}\geqslant u_{u}) \wedge (i_{v}=0 \wedge u_{c}\geqslant u_{u}) \wedge (i_{w}>0) \\ 3, & (i_{u}=0 \wedge u_{c}\geqslant u_{u}) \wedge (i_{v}>0) \wedge (i_{w}=0 \wedge u_{c}\geqslant u_{u}) \\ 4, & (i_{u}=0 \wedge u_{c}\geqslant u_{u}) \wedge (i_{v}>0) \wedge (i_{w}>0) \\ 5, & (i_{u}>0) \wedge (i_{v}=0 \wedge u_{c}\geqslant u_{u}) \wedge (i_{w}=0 \wedge u_{c}\geqslant u_{u}) \\ 6, & (i_{u}>0) \wedge (i_{v}=0 \wedge u_{c}\geqslant u_{u}) \wedge (i_{w}>0) \\ 7, & (i_{u}>0) \wedge (i_{v}>0) \wedge (i_{w}=0 \wedge u_{c}\geqslant u_{u}) \\ 8, & (i_{u}>0) \wedge (i_{v}>0) \wedge (i_{w}>0) \end{cases}$$

$$\qquad (3.35)$$

3.6　本章小结

本章主要做了以下工作。

（1）提出开关变换器切换系统统一模型。

（2）用模型中参数矩阵构造系统 Lyapunov 函数，证明了系统在切换平衡点的稳定性，并给出系统的切换律。

（3）总结出建立开关变换器切换系统统一模型的具体方法和一般步骤。

（4）运用该建模方法建立了 DC-AC 变换器、DC-DC 变换器的切换系统模型。

（5）建立了系统不可控整流子系统的切换系统模型。

第4章 储能子系统切换系统建模及能量管理策略

本章在第 3 章提出的电力电子变换器切换系统建模方法的基础上，根据储能系统阻容性负载的特点，定义准切换平衡点，建立广义模型中储能子系统的切换系统模型。然后采用多个目标的加权平均值作为最优化目标，提出系统储能和放电的能量管理策略，把对电路的控制转换成对储能系统不同模态转移条件的控制，建立能量管理策略的混杂自动机模型。

4.1 储能子系统建模与系统能量管理的必要性

为了最大限度吸收和利用制动状态电机再生的电能，提高系统性能，本书提出了多电机协调调度的储能系统结构。由于系统中既没有耗能装置，也没有回馈装置，考虑到调度算法性能的有限性，极端情况下无法保证调度效果，因此系统中设置储能子系统，吸收不能被耗能状态电机完全吸收的再生电能，对于提高节能效果，保护设备的正常运行，是必要的也是必需的。开展储能子系统的建模研究对于建立系统整体模型非常关键。

在系统运行过程，由于电机状态的离散变化特性，必然引起直流母线电压的动态变化。若系统仅设置某一电压值作为储能子系统储能和放电的电压阈值，该方法尽管能使直流母线电压在限定条件下稳定在储能子系统储能和放的电压阈值附近，但却带来以下问题。

（1）由于直流母线电压的动态变化，使储能子系统在储能和放电两个状态间频繁切换，增大系统能量存储损耗，降低系统节能效果。

（2）由于对超级电容频繁充放电，缩短超级电容使用时间，提高超级电容故障率，降低系统可靠性。

（3）在保证超级电容不"过充"和不"过放"的前提下，无法保证系统制动能量的最大回收和满足系统峰值功率的需求。

鉴于以上分析，开展系统的能量管理研究也非常重要。

4.2　储能子系统切换系统模型

4.2.1　多电机共直流母线储能子系统结构

为了回收和利用制动状态电机再生的不能被耗能状态完全吸收的电能，可将超级电容通过双向 DC-DC 变换器并接在系统直流母线上，储存不能被耗能状态电机完全吸收的再生电能。多电机共直流母线储能系统结构如图 4.1 所示。当系统耗能功率减小，回馈功率增大，直流母线电压升高，大于控制电压阈值时，双向 DC-DC 变换器吸收功率，超级电容储能，保持网侧供电功率和直流母线电压稳定；与之相反，当系统耗能功率增大，回馈功率减小，直流母线电压下降，小于控制电压阈值时，双向 DC-DC 变换器回送电能到直流母线，超级电容释放电能，保持网侧供电功率和直流母线电压稳定。因此储能系统不但能够实现系统节能，保持直流母线电压稳定，而且还能减小直流母线功率扰动，提高系统性能。

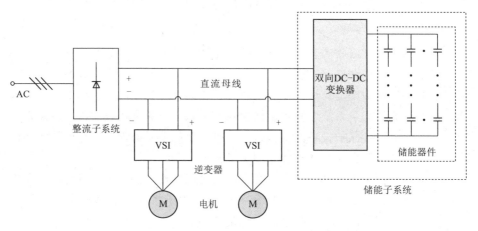

图 4.1　多电机共直流母线储能系统结构

在图 4.1 所示系统中，选择超级电容作为系统的储能器件。超级电容是利用双电层原理，通过极化电解质来存储电能，其容量可达数万法拉，是介于蓄电池和传统电容之间的一种新型储能器件。其在储能过程中并没有发生化学反应，该种储能过程是可逆的，也正因如此，才使得超级电容使用寿命长、不易老化，可以反复充放电使用达数十万次之多。超级电容除具有常规电容功率密度大、充电能量密度高，可快速充放电等优点外，还具有一些自身的优势，它没有可动部分，既不需要冷却装置也不需要加热装置，而且能够安全放电，安装简易，结构紧凑，可适应各种不同的环境。这些优点使得它成为处理峰值负荷的最佳选择，非常适合应用在大功率的、频繁启动和制动的电机驱动储能系统中[128-130]。

考虑到超电容储能系统中一般没有隔离、绝缘的要求，所以选择非隔离型 DC - DC 变换器作为储能系统中的功率变换器。非隔离型双向 DC - DC 变换器具有体积小、重量轻，器件数量少、造价低廉，没有变压器损耗、效率高，无源器件少、易于包装和集成，控制电路简单等优点，非常适用在不需要电气隔离的供电系统、电机制动能量吸收系统等场合[131,132]。

4.2.2　多电机共直流母线储能子系统等效电路

图 4.1 所示结构系统可等效为如图 4.2 所示系统。其中 P_{source} 为网侧供电功率；P_{motor} 为所有电机耗能功率。为最大限度地实现系统节能，并保持网侧供电功率及直流母线电压的稳定，储能系统需要储存电能和释放电能的功率 $P_{storage}$ 为

$$P_{storage} = P_{source} - P_{motor} \tag{4.1}$$

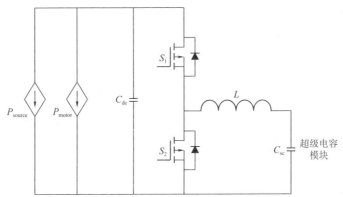

图 4.2　多电机共直流母线储能系统等效系统

如果不考虑储能系统的损耗，当 $P_{storage} = 0$ 时，系统处于网侧供电和电机耗能平衡状态，直流母线电压 u_{dc} 保持不变，储能系统不储存电能，也不释放电能；当 $P_{storage} > 0$ 时，双向 DC - DC 变换器给超级电容充电，超级电容储能；当 $P_{storage} < 0$ 时，双向 DC - DC 变换器与网侧电源一起给电机供电，超级电容释放电能。

超级电容是储能系统中的储能器件，其电路模型可用如图 4.3 所示等效电路模型表示。图中，C_{sc} 是理想电容；R_{ESR} 是等效串联内阻，表征内部发热损耗和电流不同引起的压降；R_{EPR} 为等效并联电阻，表征自放电现象，反映超级电容漏电效应。工程实际中，R_{ESR} 非常小，为毫欧姆级，有文献报道已达到

微欧姆级。R_{EPR} 不能忽略，一般 6V300F 超级电容漏电流为 19mA，R_{EPR} 约为 320Ω。

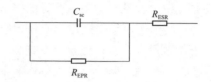

图 4.3　超级电容等效电路模型

由此图 4.2 所示系统可等效为如图 4.4 所示的等效电路。

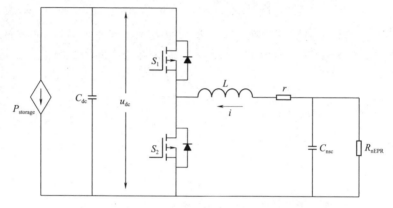

图 4.4　多电机共直流母线储能系统等效电路

图 4.4 中，C_{dc} 为直流母线侧等效电容，是所有电容的容量之和；S_1、S_2 为理想开关器件；r 为超级电容和电感内阻之和，其阻值较小可以忽略。L 为理想缓冲电感，由双向 DC/DC 变换器工作原理，缓冲电感可选取为

$$L = \frac{u_{dc}}{4\eta_{sc} I_{SAT} f} \tag{4.2}$$

式中　u_{dc}——系统直流母线电压；

η_{sc}——极值系数，为对系统提供足够的安全裕度，通常取其为 10%；

I_{SAT}——电感饱和电流；

f——开关管工作频率。

C_{nsc} 为理想超级电容，其容量决定储能系统的存储能力，储能系统的储能容量与其容量以及电压变化量的平方成正比，根据系统所需储能容量，超级电容的容量可按式（4.1）选取。

考虑到目前超级电容器单体电容能量密度一般为 5~25Wh/kg，单体电容电压较低，一般只有 1~3V，所以必须采用多只电容串并联，构成超级电容器组以满足电压和能量的等级要求。其串并联的数目可用以下方法求得，设超级电容器组由 $m \times n$ 个单体超级电容构成，m 为超级电容串联只数，n 为超级电容组并联的支路数。则该超级电容器组的等效串联内阻 R_{nESR} 为

$$R_{nESR} = \frac{m}{n} R_{ESR} \tag{4.3}$$

等效并联内阻 R_{nEPR} 为

$$R_{nEPR} = \frac{1}{n} R_{EPR} \tag{4.4}$$

总等效电容 C_{nsc} 为

$$C_{nsc} = \frac{n}{m} C_{sc} \tag{4.5}$$

电容总等效电压 U_{nsc} 为

$$U_{nsc} = m U_{sc} \tag{4.6}$$

式中　　C_{sc}——单体电容的容量；

U_{sc}——单体电容的电压值。

如果储能系统整个充放电过程超级电容的电压变化范围为 $U_{scmin} \sim U_{scmax}$，储能系统储存或释放的总电能为

$$\begin{aligned}
E_{sc} &= \frac{n}{m} C_{sc} \left[(m U_{scmax})^2 - (m U_{scmin})^2 \right] \\
&= mn C_{sc} (U_{scmax}^2 - U_{scmin}^2)
\end{aligned} \tag{4.7}$$

由式（4.7）可知，在超级电容单体数量和电压变化范围一定的情况下，其储存或释放的总电能与超级电容器组的串并联方式无关。

4.2.3　多电机共直流母线储能子系统切换系统模型

对图 4.4 所示等效电路，设电感工作在连续电流模式（CCM），电路中的开关器件 S_1、S_2 可视为一对互质开关 S。变换器在互质开关闭合 $S=1$ 和断开 $S=0$ 的两子系统 Σ_1、Σ_2 间切换，如图 4.5 所示。则双向 DC-DC 变换器可用切换系统模型描述为

$$\dot{\boldsymbol{x}}(t) = (\boldsymbol{S}_{\sigma(t)} - \boldsymbol{R}_{\sigma(t)}) \boldsymbol{F} \boldsymbol{x}(t) + \boldsymbol{B}_{\sigma(t)} u(t) \tag{4.8}$$

$$\boldsymbol{y}(t) = \boldsymbol{F} \boldsymbol{x}(t) \tag{4.9}$$

其中，$\boldsymbol{x} = \begin{bmatrix} \psi & q_1 & q_2 \end{bmatrix}^T$，$\boldsymbol{y} = \begin{bmatrix} i_1 & u_{dc} & u_{sc} \end{bmatrix}^T$，$u(t) = \dfrac{P_{storage}}{u_{dc}}$。$k_{\sigma(t)}^1 =$

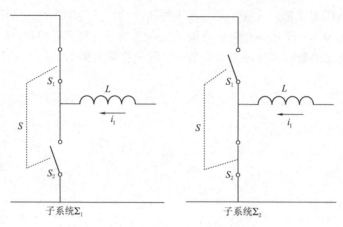

$$图 4.5\quad 储能系统的子系统$$

$\begin{cases} 0, \sigma(t)=1 \\ 1, \sigma(t)=2 \end{cases}$，$\sigma(\cdot):[0,+\infty)\rightarrow \overline{\mathbb{N}}$，$\overline{\mathbb{N}}=\{1,2\}$。根据第 3.3 节已介绍的取值

方法，可得对应各矩阵为 $\boldsymbol{F}=\begin{bmatrix} \dfrac{1}{L} & 0 & 0 \\ 0 & \dfrac{1}{C_{\mathrm{dc}}} & 0 \\ 0 & 0 & \dfrac{1}{C_{\mathrm{nsc}}} \end{bmatrix}$。$\boldsymbol{R}_1=\boldsymbol{R}_2=\begin{bmatrix} r & 0 & 0 \\ 0 & 0 & 0 \\ 0 & 0 & \dfrac{1}{R_{\mathrm{nEPR}}} \end{bmatrix}$；

$\boldsymbol{S}_{\sigma(t)}=\begin{bmatrix} 0 & -(1-k_{\sigma(t)}^1) & 1 \\ (1-k_{\sigma(t)}^1) & 0 & 0 \\ -1 & 0 & 0 \end{bmatrix}$；$\boldsymbol{B}_1=\boldsymbol{B}_2=\begin{bmatrix} 0 \\ \dfrac{1}{C_{\mathrm{dc}}} \\ 0 \end{bmatrix}$。

通过前面的讨论，等效电阻 r 很小，于是，$\boldsymbol{R}_1=\boldsymbol{R}_2=\begin{bmatrix} 0 & 0 & 0 \\ 0 & 0 & 0 \\ 0 & 0 & \dfrac{1}{R_{\mathrm{nEPR}}} \end{bmatrix}$。

把式（4.9）代入式（4.8），系统的切换方程也可描述为

$$\dot{\boldsymbol{y}}(t)=\boldsymbol{F}((\boldsymbol{S}_{\sigma(t)}-\boldsymbol{R}_{\sigma(t)})\boldsymbol{y}(t)+\boldsymbol{B}_{\sigma(t)}\boldsymbol{u}(t)) \tag{4.10}$$

系统切换稳定时，并不是某一子系统稳定，也不是所有子系统都稳定，而是系统在子系统间的切换达到平衡，在切换平衡点的邻域切换稳定[116]。但对于由超级电容构成的阻容负载，在储能和放电过程中，超级电容端电压不断发生变化，因此系统并不存在严格意义上的切换平衡点，总是处于过渡过程中。

对于由超级电容构成的阻容负载，由于超级电容容量巨大，在一个采样周

期内其电压变化很小，可以认为是常量，基于此得到的平衡点，称之为准切换平衡点，准切换平衡点的不断变化构成了储能系统的动态过程。

系统处在准切换平衡点时，则有

$$\sum_{i=1}^{2} \alpha_i (\boldsymbol{S}_i - \boldsymbol{R}_i) \boldsymbol{y}_{eq} + \sum_{i=1}^{2} \alpha_i \boldsymbol{B}_i u = 0 \tag{4.11}$$

其中：
$$\boldsymbol{y}_{eq} = [\, i_{leq} \quad u_{dceq} \quad u_{sc} \,]^{T}$$

式中 α_i ——子系统 $\sum_i$ 的占空比，$\sum\limits_{i=1}^{2} \alpha_i = 1$。

为方便分析，可令

$$\boldsymbol{A}_{eq} = \sum_{i=1}^{2} \alpha_i (\boldsymbol{S}_i - \boldsymbol{R}_i), \boldsymbol{B}_{eq} = \sum_{i=1}^{2} \alpha_i \boldsymbol{B}_i, \beta_{eq} = \sum_{i=1}^{2} \alpha_i k_i^1$$

那么式（4.11）可写为

$$\boldsymbol{A}_{eq} \boldsymbol{y}_{eq} + \boldsymbol{B}_{eq} u = 0 \tag{4.12}$$

其中：$\boldsymbol{A}_{eq} = \begin{bmatrix} 0 & -\dfrac{(1-\beta_{eq})}{L} & \dfrac{1}{L} \\ \dfrac{(1-\beta_{eq})}{C_{dc}} & 0 & 0 \\ -\dfrac{1}{C_{nsc}} & 0 & -\dfrac{1}{R_{nEPR} C_{nsc}} \end{bmatrix}$, $\boldsymbol{B}_{eq} = \begin{bmatrix} 0 \\ \dfrac{1}{C_{dc}} \\ 0 \end{bmatrix}$。

对于该储能系统，在恒压储能和恒压放电时，直流母线电压期望值 u_{dceq} 作为已知参数参与求解准切换平衡点，解式（4.12）可得

$$\beta_{eq} = \frac{u_{dceq} - u_{nsc}}{u_{dceq}}, i_{leq} = \frac{u_{dc}}{u_{nsc}} \frac{P_{storage}}{u_{nsc}} \tag{4.13}$$

4.2.4 储能子系统切换控制律

储能子系统的性能完全取决于切换信号 $\sigma(t)$，在电流连续模式下，双向 DC - DC 变换器在 $\sum_1$、$\sum_2$ 两个子系统间切换。

定理 4.1 对式（4.8）线性切换系统，若存在正定对称矩阵 $\boldsymbol{P} \in \mathbb{R}^{3\times3}$，满足 Lyapunov 函数 $V(\boldsymbol{x} - \boldsymbol{x}_{eq}) = (\boldsymbol{x} - \boldsymbol{x}_{eq})^{T} \boldsymbol{P} (\boldsymbol{x} - \boldsymbol{x}_{eq}) > 0$，$(\boldsymbol{x} \neq \boldsymbol{x}_{eq})$，则存在切换控制律 $\sigma(t)$，使得 $\dot{V}(\boldsymbol{x} - \boldsymbol{x}_{eq}) < 0$，切换线性系统在准切换平衡点是渐近稳定的。此时切换控制律可取

$$\sigma(t) = \arg\min_{i \in \{1,2\}} \{ 2(i_l u_{dceq} - u_{dc} i_{leq})(k_i^1 - \beta_{eq}) \} \tag{4.14}$$

证明：取 $\boldsymbol{P} = \begin{bmatrix} \dfrac{1}{L} & 0 & 0 \\[2mm] 0 & \dfrac{1}{C_{dc}} & 0 \\[2mm] 0 & 0 & \dfrac{1}{C_{nsc}} \end{bmatrix}$ 时，显然 $\boldsymbol{P}$ 为正定对称矩阵。系统相对于

准平衡点的 Lyapunov 函数 $V(\boldsymbol{x}-\boldsymbol{x}_{eq}) = (\boldsymbol{x}-\boldsymbol{x}_{eq})^{\mathrm{T}} \boldsymbol{P}(\boldsymbol{x}-\boldsymbol{x}_{eq})$，显然有 $V(\boldsymbol{x}-\boldsymbol{x}_{eq}) > 0 (\boldsymbol{x} \neq \boldsymbol{x}_{eq})$。若系统运行在第 i 个子系统，那么：

$$
\begin{aligned}
\dot{V}(\boldsymbol{x}-\boldsymbol{x}_{eq}) &= \dot{V}_i(\boldsymbol{x}-\boldsymbol{x}_{eq}) = 2(\boldsymbol{x}-\boldsymbol{x}_{eq})^{\mathrm{T}} \boldsymbol{P} \dot{\boldsymbol{x}} \\
&= 2(\boldsymbol{y}-\boldsymbol{y}_{eq})[(\boldsymbol{S}_i - \boldsymbol{R}_i)\boldsymbol{y}(t) + \boldsymbol{B}_i \boldsymbol{u}(t)]
\end{aligned}
\tag{4.15}
$$

式（4.11）两边同乘 $2(\boldsymbol{y}-\boldsymbol{y}_{eq})^{\mathrm{T}}$，和式（4.15）相减，得

$$
\begin{aligned}
\dot{V}(\boldsymbol{x}-\boldsymbol{x}_{eq}) &= 2(\boldsymbol{y}-\boldsymbol{y}_{eq})^{\mathrm{T}}((\boldsymbol{S}_i - \boldsymbol{R}_i)\boldsymbol{y} - \boldsymbol{A}_{eq}\boldsymbol{y}_{eq} + \boldsymbol{B}_i\boldsymbol{u} - \boldsymbol{B}_{eq}\boldsymbol{u}) \\
&= 2(\boldsymbol{y}-\boldsymbol{y}_{eq})^{\mathrm{T}}(\boldsymbol{S}_i - \boldsymbol{R}_i)(\boldsymbol{y}-\boldsymbol{y}_{eq}) - 2(\boldsymbol{y}-\boldsymbol{y}_{eq})^{\mathrm{T}}[(\boldsymbol{S}_i - \boldsymbol{R}_i) - \boldsymbol{A}_{eq}]\boldsymbol{y}_{eq}
\end{aligned}
$$
$$\tag{4.16}$$

把 $\boldsymbol{A}_{eq}$，$\boldsymbol{y}_{eq}$ 代入式（4.16），可得 $\dot{V}(\boldsymbol{x}-\boldsymbol{x}_{eq})$ 为

$$
\dot{V}(\boldsymbol{x}-\boldsymbol{x}_{eq}) = 2(i_l u_{dceq} - u_{dc} i_{leq})(k_i^1 - \beta_{eq})
\tag{4.17}
$$

对子系统 Σ_1，则有

$$
\dot{V}(\boldsymbol{x}-\boldsymbol{x}_{eq}) = \dot{V}_1(\boldsymbol{x}-\boldsymbol{x}_{eq}) = 2(i_1 u_{dceq} - u_{dc} i_{leq})(0 - \beta_{eq})
\tag{4.18}
$$

对子系统 Σ_2，则有

$$
\dot{V}(\boldsymbol{x}-\boldsymbol{x}_{eq}) = \dot{V}_2(\boldsymbol{x}-\boldsymbol{x}_{eq}) = 2(i_1 u_{dceq} - u_{dc} i_{leq})(1 - \beta_{eq})
\tag{4.19}
$$

当系统运行在子系统 Σ_1 时，若 $\dot{V}_1(\boldsymbol{x}-\boldsymbol{x}_{eq}) \leqslant 0$，系统向准切换平衡点靠近，是稳定的；若 $\dot{V}_1(\boldsymbol{x}-\boldsymbol{x}_{eq}) > 0$，由于 $-\dfrac{(u_{dc} - u_{dceq})^2}{R} \leqslant 0$，那么 $2(i_1 u_{dceq} - u_{dc} i_{leq})(0 - \beta_{eq}) > 0$，$2(i_1 u_{dceq} - u_{dc} i_{leq})(1 - \beta_{eq}) < 0$，因此 $\dot{V}_2(\boldsymbol{x}-\boldsymbol{x}_{eq}) < 0$，$\dot{V}_2(\boldsymbol{x}-\boldsymbol{x}_{eq}) < \dot{V}_1(\boldsymbol{x}-\boldsymbol{x}_{eq})$，根据式（4.14）切换控制律，$\sigma(t) = 2$，子系统 Σ_2 已被激活，系统运行在子系统 Σ_2，仍向准切换平衡点靠近，系统是稳定的。当系统运行在子系统 Σ_2 时亦然。因此，在切换控制律式（4.14）作用下，双向 DC-DC 变换器在准切换平衡点是稳定的。

4.2.5　储能子系统储能和放电的仿真研究

为验证所建模型的合理性和切换控制律的有效性，根据直流母线电压期望

值，由式（4.12）和式（4.14）得到系统准切换平衡点和切换律，分储能和放电两种工况进行仿真。设仿真参数：电感 $L=3.6\mathrm{mH}$，直流侧电容 $C_{dc}=3300\mu\mathrm{F}$，超级电容 $C_{nsc}=10\mathrm{F}$，$R_{nEPR}=10\mathrm{k}\Omega$，超级电容初始电压 $u_{sc0}=300\mathrm{V}$。仿真时，取直流母线稳态电压期望值为 $505\mathrm{V}$。

4.2.5.1 储能系统储能仿真

当电机耗能功率减小，回馈功率增大，直流母线电压升高，大于电压期望值，需要系统储能时，仿真结果如图 4.6 所示。从图 4.6 可以看出，在切换信号 $\sigma(t)$ 作用下，储能系统在子系统 Σ_1 和 Σ_2 之间切换，电感电流流向超级电容，超级电容电压升高，系统储能，直流母线电压稳定在期望值，网侧供电流保持不变。从图 4.6 还可看出，当 $P_{storage}=0$，网侧供电功率等于系统耗电功率，不需要储能系统储能也不需要释放时，在切换信号 $\sigma(t)$ 作用下，电感平均电流为零，储能系统不储能，也不释放电能，直流母线与超级电容电压保持不变。

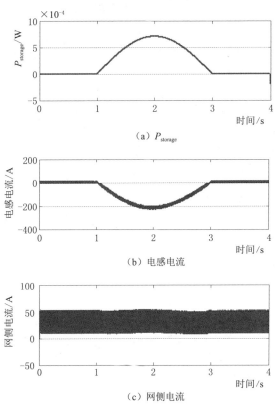

（a）$P_{storage}$

（b）电感电流

（c）网侧电流

图 4.6（一）　储能期间的电压电流波形

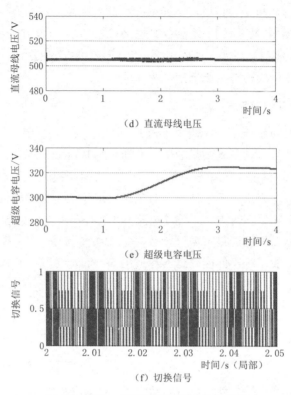

（d）直流母线电压

（e）超级电容电压

（f）切换信号

图 4.6（二）　储能期间的电压电流波形

4.2.5.2　储能系统放电仿真

当电机耗能功率增大，回馈功率减小，直流母线电压下降，需要储能系统释放电能，以满足电机功率需求时，仿真结果如图 4.7 所示。从图 4.7 可以看出，在切换信号 $\sigma(t)$ 作用下，电感电流由超级电容流向直流母线，电流为负，超级电容电压下降，储能系统释放电能，直流母线电压稳定在（略低于）期望值，网侧供电流保持不变。

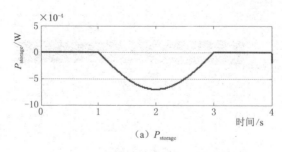

（a）P_{storage}

图 4.7（一）　放电期间的电压电流波形

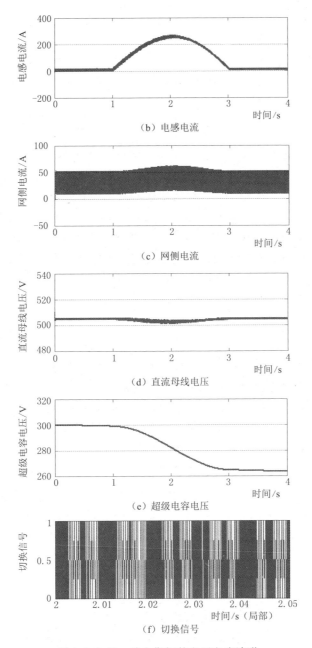

（b）电感电流

（c）网侧电流

（d）直流母线电压

（e）超级电容电压

（f）切换信号

图 4.7（二） 放电期间的电压电流波形

从两种工况的仿真可以看出，储能系统在切换信号 $\sigma(t)$ 作用下，实现储能系统的储能和放电功能，并保持直流母线电压稳定在期望值，验证了所建模型的合理性和切换控制律的有效性。

4.3　系统能量管理策略

4.3.1　能量管理策略的目标

　　能量管理是在一定资源条件下充分利用所配置资源和能量的管理方法。目前能量管理的思想和概念已经渗透到各个领域，特别是在电力系统中被广泛应用。其能量管理主要功能是完成电力系统各个生产环节的实时信息的采集，并将之通过通信通道，按照一定的规约传送至调度中心的计算机系统，主机系统对这些实时信息进行加工处理、存储显示，并发出下行命令对电力系统内的可控元件进行控制，对电网调度运行人员而言起着"耳目"和"手脚"的作用。近十几年来，随着电网调度自动化系统实用化工作的深入开展及我国电网调度自动化专业从业人员持续不懈的努力，能量管理在我国各级调度部门得到了广泛应用，应用水平不断提高，在电网运行指挥和生产管理中起到了至关重要的作用。

　　对多电机共直流母线系统中的能量管理，其主要目的是实现制动能量最大化的回收，实现系统最大限度的节能，除此之外，还要减少超级电容的充放电次数，并保持直流母线电压的稳定，其实质是对超级电容储能系统的能量管理。目前对超级电容储能系统的能量管理研究最多的是应用于混合动力汽车中的能量管理[80-84]。其目的是解决汽车在行驶过程中所需的能量和功率，何时由何种动力合成提供，它不仅实现整车最佳的燃油经济性，同时还要兼顾超级电容寿命、驾驶性能、整车可靠性等多方面的要求，并针对混合动力汽车各部件的特性和汽车的运行工况，使发动机、电机、储能系统和传动系统实现最佳匹配。混合动力汽车中能量管理大致可分为两类：一是基于规则的能量管理方法；一是基于控制目标最优化的能量管理方法[82]。而具体的能量管理方法可以采用不同的控制参数来设置不同的规则[85,86]。

　　目前如何根据共直流母线系统中电机的负载特性对系统进行能量管理，提高电机制动再生电能的利用率，保持直流母线电压的稳定，减小直流母线功率扰动的研究还较少，而这正是本书研究的重点。

　　要实现对多电机共直流母线系统的能量管理功能，往往针对的不是一个控制目标，例如制动能量的最大回收问题、直流母线电压的波动问题、超级电容的充放电次数问题等，而是多个控制目标。对于有多个目标的能量管理问题，通常有一个最优解。根据最优控制理论，系统采用多个控制目标的加权平均值来作为最优化目标。具体的权重系数可以根据工况由决策者对各个目标的重要

程度来确定。其优化目标函数可表达为

$$Y = \max(\lambda_1 \eta_{\text{recycling}} - \lambda_2 \Delta u_{\text{dc}} + \lambda_3 \Delta u_{\text{sc}}) \tag{4.20}$$

式中 λ_1、λ_2、λ_3——各个管理目标的权重系数,当要忽略某个管理目标时,
将其权重系数设为零;

$\eta_{\text{recycling}}$——制动能量回收率,是超级电容器储能系统吸收制动能量
占总制动能量的比例;

Δu_{dc}——直流母线电压波动峰值之差;

Δu_{sc}——超级电容储能系统一次充放电前后端电压差值,通过该
差值,实现减小储能系统充放电次数的控制。

式(4.20)优化函数的状态方程表示为

$$C_{\text{sc}} \frac{\mathrm{d}u_{\text{sc}}(t)}{\mathrm{d}t} = i_{\text{sc}}(t) \tag{4.21}$$

$$C_{\text{dc}} \frac{\mathrm{d}u_{\text{dc}}(t)}{\mathrm{d}t} = i(t) - i_{\text{sc}}(t) \tag{4.22}$$

式中 u_{dc}——直流母线上的电压;

C_{dc}——直流母线上的电容;

$u_{\text{sc}}(t)$——超级电容端电压;

$i_{\text{sc}}(t)$——超级电容充放电电流。

该优化问题的主要约束条件如下。

(1)超级电容的充放电电流必须小于设定的最大值,这是由储能系统的最
大功率所决定的。即

$$|i_{\text{sc}}(t)| \leqslant I_{\text{scmax}} \tag{4.23}$$

式中 I_{scmax}——超级电容最大充放电电流。

(2)超级电容电荷状态必须限制在一定范围内,这由储能系统最大储能量
决定。设超级电容最低工作电压为最高电压的一半,则有

$$\frac{1}{2}U_{\text{scmax}} \leqslant u_{\text{sc}}(t) \leqslant U_{\text{scmax}} \tag{4.24}$$

式中 U_{scmax}——超级电容最大储能电压。

针对不同工况,根据式(4.23)和式(4.24),可以制定不同的能量管理
策略,控制储能子系统在不同的工作状态之间切换,实现不同控制目标的最优
控制。

4.3.2 基于混杂自动机的能量管理策略模型

4.3.2.1 能量管理与混杂自动机

为实现系统的能量管理，根据管理需求，控制储能系统在不同的工作模式之间切换，储能子系统的不同工作模式可以看作是一系列的离散状态事件，不同模式之间的切换是离散状态事件之间的转移，因此本书采用混杂自动机模型描述储能子系统的能量管理策略。

混杂自动机是研究混杂系统，建立其模型的一种方法，目前在计算机与信息科学、控制科学等许多学科领域得到发展和应用。一个混杂自动机包含多个状态，但在任一时刻，系统只能处于其中的一个状态，系统的状态变化受事件的驱动，事件是系统的活动或外部输入信号，并受当前状态约束。因此，运用混杂自动机研究系统的关键就是在系统的状态空间中找到状态转换的轨迹，这要求分析每个状态下驱动状态转换的事件和转换的目的地。每个状态都有其特定的输出，即系统状态转换伴随着系统的性能指标随着时间的推移而变化，系统的动态特性通过状态的转换来实现。

在电力电子电路中，系统的工作模式实际上是对应着电力电子电路中开关管状态的一组组合[133]。可以将电力电子电路的这些特定的工作模式划分为不同的工作状态，每一个工作状态视为一个离散事件，然后将这些离散事件（系统工作状态）组合成一个混杂自动机模型。对于多电机共直流母线储能子系统，根据能量管理的需要可将储能子系统的工作状态分为"储能""放电""恒压""恒流"等，也可以是这些状态的组合。当系统中引入自动状态机的概念后，对电路的控制就变成了对系统不同状态转移条件的控制[134]。运用混杂自动机实现系统能量管理的过程，实际上就是规划储能系统状态和设计状态转换轨迹的过程。因此对系统的能量管理，只需考虑储能子系统从一个状态转移到下一个状态的条件，就能实现对系统能量的管理和控制[135]。需要指出的是，一种状态必定对应某一特定输出；但是在某些情况下，混杂自动机的下一状态及系统输出与系统现状和现行输入两者都有关时，可以通过额外的辅助信号以保证自动机状态机按照预先设定的轨迹运行[136]。

4.3.2.2 储能子系统的工作状态

1. 多电机共直流母线系统能量流向分析

分析多电机共直流母线系统的运行过程，其储能子系统主要有三个工作状态。一是多电机功率需求接近系统平均功率，网侧电源单独给多电机系统供电，储能系统不工作，处于待机状态，其能流示意如图 4.8 所示。二是当多电机需求功率相对较大，超过系统平均功率，储能系统投入工作，网侧电源和储能系统同时给多电机系统供电，满足多电机系统的峰值功率需求，储能系统提供多电机系统需求功率和网侧供电功率的差值功率，其能流示意如图 4.9 所示。三是当多电机系统需求功率相对较小，有时需求可能为零，甚至还要回馈能量时，为保持网侧供电功率及直流母线电压的稳定，储能系统从直流母线吸功率，其能流示意如图 4.10 所示。

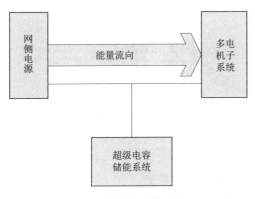

图 4.8　储能系统待机

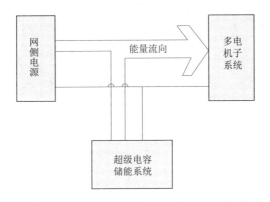

图 4.9　网侧电源和储能系统给多电机子系统供电

2. 储能子系统工作状态

尽管系统工作能量流向并不复杂，但其实际的工作过程却较为复杂。其工作过程除与多电机负载的工况有关外，对于同一工况的多电机负载，由于工作时间或工作地点的不同，其负载功率特性完全不一样，储能子系统的工作过程也差别很大。例如，港口起重机在给船体装货时，一般船体高于货场，起重机提升重物的势能不能完全释放，回馈能量相对较小，使得储能系统也一直处于放电状态，支撑峰值功率需求；在给船体卸货时，起重机下放重物的势能要大

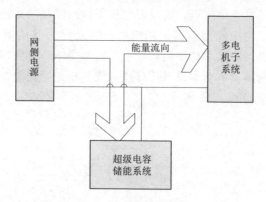

图 4.10　储能系统储能

于提升重物的势能,使得储能系统一直处于吸收制动再生电能的充电状态。在不同的时段,港口起重机系统在对不同的轮船装卸时,也具有不同的负载特性,因此储能系统工作状态,除前面三种主要的工作状态外,在一些特殊的工况下,还要增加一些特殊的工作状态。

在多电机共直流母线系统中,多电机系统负载功率的变化直接影响到直流母线电压的变化,为实现制动能量最大回收率、最小直流母线电压波动和较少超级电容充放次数三个能量管理目标,根据直流母线电压的变化,对系统的能量管理设置 S_1、S_2、S_3、S_4 四个工作状态,如图 4.11 所示。

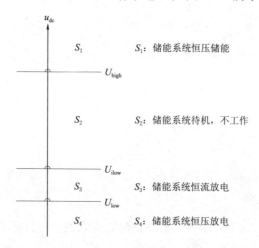

图 4.11　储能系统工作状态

图 4.11 中,u_{dc} 为直流母线电压,U_{high}、U_{ilow}、U_{low} 为储能系统状态转移参考电压。

为实现直流母线电压较小波动和超级电容较少充放电次数,储能系统设置两个恒压状态：S_1 恒压储能状态和 S_4 恒压放电状态。为预留较大能量存储空间，实现制动再生能量的最大回收率，增设恒流放电状态 S_3 和待机状态 S_2。各状态定义如下。

S_1：当 $u_{dc} > U_{high}$ 时，说明系统耗能小于平均耗能，制动再生功率大于平均制动功率，为了防止直流母线电压泵升，储能系统恒压储能，最大化吸收电机制动再生电能，并保持直流母线电压稳定。

S_2：当 $U_{ilow} < u_{dc} < U_{high}$ 时，说明多电机功率需求接近平均需求和网侧平均供电功率，网侧电源独自给多电机负载供电，储能系统不工作，处于待机状态。

S_3：当 $U_{low} < u_{dc} < U_{ilow}$ 时，说明多电机功率需求增大，超过其平均功率需求，但又不是峰值需求时，为预留较大能量储存空间，最大化吸收电机制动再生电能，储能系统恒流放电，与网侧电源一起给多电机负载供电；同时为满足多电机负载峰值功率需求，要合理设置恒流放电区间。

S_4：当 $u_{dc} < U_{low}$ 时，说明多电机负载功率需求接近峰值，为了保持直流母线电压稳定，储能系统恒压放电，与网侧电源同时给多电机系统供电。

储能子系统中储能单元电荷的状态必须要保持在一个合理的位置，既要使超级电容器储能系统能够提供多电机系统所需要的峰值功率，又要使它最大化吸收电机制动再生电能。

4.3.2.3 储能系统工作状态的滞环控制

需要指出的是，储能子系统状态的转移是通过对直流母线电压的判断来实现，而直流母线电压的变化受控于多电机系统功率的变化。随着电机数目的增多，电机状态离散变化频繁，引起直流母线电压频繁变化，造成储能系统状态转移频繁，而且有时状态的转移还会产生芝诺现象。例如从恒流放电状态 S_3 转到待机状态 S_2 时，由于储能系统停止了对多电机系统的供电，多电机系统需求功率全部由网侧电源提供，直流母线电压再次降低，并小于恒流放电状态电压阈值 U_{ilow} 时，储能系统再次进行恒流放电状态，引起储能系统状态之间的高频转换。为避免该问题的出现，对系统状态之间的转换采用滞环控制方式，储能系统工作状态的滞环控制如图 4.12 所示。

图 4.12 中，U_{high} 为状态 S_2 转移到状态 S_1 时的 u_{dc} 参考电压；U_{high0} 为状态 S_1 的恒定参考电压；U_{low0} 为状态 S_3 转移到状态 S_2 时的 u_{dc} 参考电压；U_{ihigh} 为状态 S_2 转移到状态 S_3 的 u_{dc} 参考电压；U_{ilow} 为状态 S_4 的恒定参考电压；U_{low} 为状态 S_3 转移到状态 S_4 时的 u_{dc} 参考电压。

4.3.2.4 能量管理策略的混杂自动机模型

由储能系统工作状态的滞环控制，把储能系统工作状态看成离散事件，可

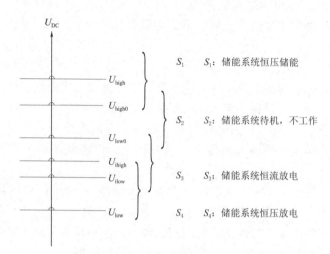

图 4.12　储能系统工作状态的滞环控制

得系统能量管理策略的混杂自动机模型，如图 4.13 所示。

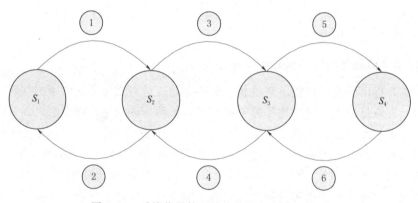

图 4.13　系统能量管理策略的混杂自动机模型

图 4.13 中，S_1、S_2、S_3、S_4 表示储能系统的四个工作状态，①、②、③、④、⑤、⑥表示四个工作状态之间相互转换条件。下面分别给出储能系统在四个工作状态的切换系统模型及状态相互转换条件。

1. 状态的切换系统模型

根据 4.1 节已建立的储能系统的双向 DC－DC 变换器切换系统模型，由式（4.10）和式（4.14）得储能系统在四个工作状态的切换系统方程及切换律如下。

（1）S_1 恒压储能状态。S_1 状态可用切换系统描述为

$$\begin{bmatrix} \dot{i}_1 \\ \dot{u}_{dc} \\ \dot{u}_{sc} \end{bmatrix} = \begin{bmatrix} 0 & -\dfrac{1-k^1_{\sigma(t)}}{L} & \dfrac{1}{L} \\ \dfrac{1-k^1_{\sigma(t)}}{C_{dc}} & 0 & 0 \\ -\dfrac{1}{C_{nsc}} & 0 & -\dfrac{1}{R_{nEPR}C_{nsc}} \end{bmatrix} \begin{bmatrix} i_1 \\ u_{dc} \\ u_{sc} \end{bmatrix} + \begin{bmatrix} 0 \\ \dfrac{1}{C_{dc}} \\ 0 \end{bmatrix} \left(\dfrac{P_{sourcehigh0} - P_{m\_motor}}{u_{dceq}} \right)$$

$$(4.25)$$

准切换平衡点为

$$\beta_{eq} = \frac{u_{dceq} - u_{sc}}{u_{dceq}}, i_{1eq} = \frac{P_{sourcehigh0} - P_{m\_motor}}{u_{sc}} \tag{4.26}$$

式中　$P_{sourcehigh0}$——直流母线在电压为 U_{high0} 时的网侧供电功率。

系统切换律为

$$\sigma(t) = \arg \min_{i \in \{1,2\}} \{ 2(i_1 u_{dceq} - u_{dc} i_{1eq})(k^1_i - \beta_{eq}) \} \tag{4.27}$$

其中　　　　　　　　　　$u_{dceq} = U_{high0}$

（2）S_2 待机状态。S_2 状态储能系统处在待机状态，不存在子系统的切换，其状态方程为

$$\begin{bmatrix} \dot{i}_1 \\ \dot{u}_{dc} \\ \dot{u}_{sc} \end{bmatrix} = \begin{bmatrix} 0 & 0 & 0 \\ 0 & 0 & 0 \\ 0 & 0 & -\dfrac{1}{R_{nEPR}C_{nsc}} \end{bmatrix} \begin{bmatrix} i_1 \\ u_{dc} \\ u_{sc} \end{bmatrix} + \begin{bmatrix} 0 \\ \dfrac{1}{C_{dc}} \\ 0 \end{bmatrix} \left(\dfrac{P_{source} - P_{m\_motor}}{u_{dc}} \right) \tag{4.28}$$

（3）S_3 恒流放电状态。S_3 状态可用切换系统描述为

$$\begin{bmatrix} \dot{i}_1 \\ \dot{u}_{dc} \\ \dot{u}_{sc} \end{bmatrix} = \begin{bmatrix} 0 & -\dfrac{1-k^1_{\sigma(t)}}{L} & \dfrac{1}{L} \\ \dfrac{1-k^1_{\sigma(t)}}{C_{dc}} & 0 & 0 \\ -\dfrac{1}{C_{nsc}} & 0 & -\dfrac{1}{R_{nEPR}C_{nsc}} \end{bmatrix} \begin{bmatrix} i_1 \\ u_{dc} \\ u_{sc} \end{bmatrix} + \begin{bmatrix} 0 \\ \dfrac{1}{C_{dc}} \\ 0 \end{bmatrix} \left(\dfrac{P_{source} - P_{m\_motor}}{u_{dc}} \right)$$

$$(4.29)$$

准切换平衡点为

$$\beta_{eq} = \frac{u_{dc} - u_{sceq}}{u_{dc}}, u_{sceq} = -i_{reflow} R_{nEPR} \tag{4.30}$$

系统切换律为

$$\sigma(t) = \arg \min_{i \in \{1,2\}} \{2(i_1 - i_{\text{leq}})(k_i^1 - \beta_{\text{eq}})\} \qquad (4.31)$$

式中　i_{leq}——恒流放电时恒流参考电流，$i_{\text{leq}} = i_{\text{refilow}}$。

（4）S_4 恒压放电状态。S_4 状态可用切换系统描述为

$$\begin{bmatrix} \dot{i}_1 \\ \dot{u}_{\text{dc}} \\ \dot{u}_{\text{sc}} \end{bmatrix} = \begin{bmatrix} 0 & -\dfrac{1-k_{\sigma(t)}^1}{L} & \dfrac{1}{L} \\ \dfrac{1-k_{\sigma(t)}^1}{C_{\text{dc}}} & 0 & 0 \\ -\dfrac{1}{C_{\text{nsc}}} & 0 & -\dfrac{1}{R_{\text{nEPR}}C_{\text{nsc}}} \end{bmatrix} \begin{bmatrix} i_1 \\ u_{\text{dc}} \\ u_{\text{sc}} \end{bmatrix} + \begin{bmatrix} 0 \\ \dfrac{1}{C_{\text{dc}}} \\ 0 \end{bmatrix} \left(\dfrac{P_{\text{sourceilow}} - P_{\text{m\_motor}}}{u_{\text{dceq}}} \right)$$

$$\qquad (4.32)$$

准切换平衡点为

$$\beta_{\text{eq}} = \frac{u_{\text{dceq}} - u_{\text{sc}}}{u_{\text{dceq}}}, i_{\text{leq}} = \frac{P_{\text{sourceilow}} - P_{\text{m\_motor}}}{u_{\text{sc}}} \qquad (4.33)$$

式中　$P_{\text{sourceilow}}$——直流母线在电压 U_{ilow} 时的网侧供电功率。

系统切换律为

$$\sigma(t) = \arg \min_{i \in \{1,2\}} \{2(i_1 u_{\text{dceq}} - u_{\text{dc}} i_{\text{leq}})(k_i^1 - \beta_{\text{eq}})\} \qquad (4.34)$$

其中

$$u_{\text{dceq}} = U_{\text{ilow}}$$

2. 状态转移条件

要实现系统的能量管理策略，只需考虑储能系统从一个状态转移到下一个状态的条件，储能系统状态转移的条件如下。

（1）由 S_1 状态转移到 S_2 状态，即储能系统由恒压储能状态转移到待机状态。状态转移的条件为

$$i_1 \geqslant 0 \qquad (4.35)$$

式中　i_1——电感的电流。

式（4.35）说明由 S_1 状态转移到 S_2 状态的条件是：储能系统的电感电流大于零。

（2）由 S_2 状态转移到 S_1 状态，即储能系统由待机状态转移到恒压储能状态。状态转移的条件为

$$u_{\text{dc}} > U_{\text{high}} \wedge u_{\text{sc}} \leqslant U_{\text{scmax}} \qquad (4.36)$$

式中　U_{high}——储能系统由 S_2 状态转移到 S_1 的电压阈值。此状态的恒定电压为 U_{high0}。

式（4.36）说明由 S_2 状态转移到 S_1 状态的条件是：直流母线电压高于恒压储能电压阈值 U_{high}，而且超级电容电压小于超级电容最大电压。

（3）由 S_2 状态转移到 S_3 状态，即储能系统由待机状态转移到恒流放电状态。状态转移的条件为

$$u_{dc} < U_{ihigh} \wedge u_{sc} \geq \frac{1}{2}U_{scmax} \qquad (4.37)$$

式中 U_{ihigh}——储能系统由 S_2 状态转移到 S_3 的电压阈值。此状态的恒流放电电流为 $I_{refilow}$。

式（4.37）说明由 S_2 状态转移到 S_3 状态的条件是：直流母线电压低于恒流放电电压阈值 U_{ihigh}，而且超级电容电压大于超级电容最大放电电压的一半。

（4）由 S_3 状态转移到 S_2 状态，即储能系统由恒流放电状态转移到待机状态。状态转移的条件为

$$u_{dc} > U_{low0} \qquad (4.38)$$

式中 U_{low0}——储能系统由 S_2 状态转移到 S_3 的电压阈值。

式（4.38）说明由 S_3 状态转移到 S_2 状态的条件是：直流母线电压高于储能系统由恒流放电状态转移待机的电压阈值 U_{ilow}。

（5）由 S_3 状态转移到 S_4 状态，即储能系统由恒流放电状态转移到恒压放电状态。状态转移的条件为

$$u_{dc} < U_{low} \wedge u_{sc} \geq \frac{1}{2}U_{scmax} \qquad (4.39)$$

式中 U_{low}——储能系统由 S_3 状态转移到 S_4 的电压阈值。

式（4.39）说明由 S_3 状态转移到 S_4 状态的条件是：直流母线电压低于恒压放电电压阈值 U_{low}，而且超级电容电压大于超级电容最大放电电压的一半。

（6）由 S_4 状态转移到 S_3 状态，即储能系统由恒压放电状态转移到恒流放电状态。状态转移的条件为

$$I_1 \leq I_{reflow} \wedge u_{sc} \geq \frac{1}{2}U_{scmax} \qquad (4.40)$$

式中 I_{reflow}——储能系统由 S_4 状态转移到 S_3 的恒流放电电流。

式（4.40）说明由 S_4 状态转移到 S_3 状态的条件是：电感电流 I_1 小于恒流放电电流 I_{reflow}，而且超级电容电压大于超级电容最大电压的一半。

4.3.3　系统能量管理策略的仿真研究

4.3.3.1　仿真模型与仿真参数

图 4.14 为具有储能子系统和能量管理策略的仿真模型示意图。其中多电机部分由于暂未建立其模型，用受控功率源来模拟。

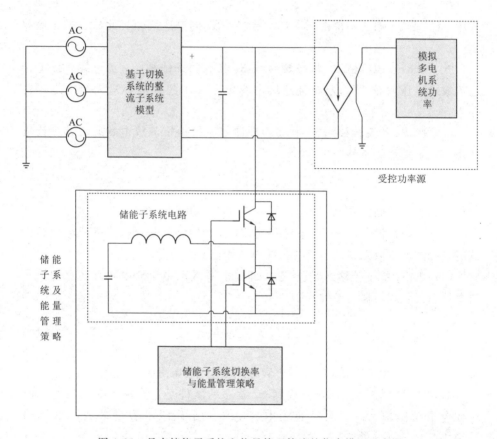

图 4.14　具有储能子系统和能量管理策略的仿真模型示意图

取图 4.12 所示能量管理策略中各滞环控制电压，由于系统模型态变化较多，但储能和放电两个状态的转换都需要通过待机状态，分储能管理和放电管理两种工况进行仿真研究。设仿真参数：直流侧电容 $C_{dc} = 3300 \mu F$，超级电容 $C_{nsc} = 10F$，超级电容初始电压 $u_{sc0} = 300V$。能量管理策略中各控制点电压为：$U_{high} = 560V$，$U_{high0} = 550V$，$U_{low0} = 500V$，$U_{ihigh} = 495V$，$U_{ilow} = 490V$，$U_{low} = 485V$。

4.3.3.2 能量管理策略的储能管理仿真

当多电机系统耗能功率减小，制动功率增大，需要储能系统吸收电机制动能量时，系统中的多电机系统功率、储能系统储能功率、网侧供电功率的储能管理功率仿真波形如图 4.15 所示。其中，线 a 为多电机系统功率；线 b 为网侧供电功率；线 c 为储能系统储能功率。从图 4.15 可以看出，当多电机系统耗能时，由电网侧供电，储能系统不工作处在待机状态。随着多电机系统功率减小，电网侧供电功率减小。当多电机系统功率减小到零，变为负值，多电机系统回馈电能到直流母线时，电网侧供电功率为零，储能开始工作，存储电机制动再生电能。可以看出，多电机功率由电网侧供电功率和储能系统储能功率共同形成。

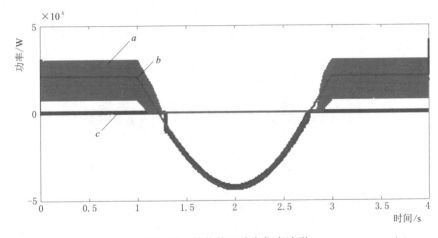

图 4.15 储能管理功率仿真波形

系统的储能系统电感电流、网侧供电电流、直流母线电压、超级电容电压仿真波形如图 4.16 所示。分析图 4.16 可知：

（1）在 $0 \sim a$ 时间段，多电机功率接近平均耗能功率，系统由网侧供电，储能系统处于待机状态，电感电流为零。

（2）在 $a \sim b$ 时间段，多电机系统耗能功率减小，网侧供电电流减小，直流母线电压升高，但仍小于储能系统工作阈值电压 560V，储能系统仍处在待机状态。

（3）当到达在 b 时刻，直流母线电压高于储能系统储能阈值电压 560V 时，储能系统由待机状态转为恒压储能状态，网侧供电电流为零，储能系统吸收电机制动功率，超级电容储能，电压升高。直流母线电压稳定在 550V 左右。

（4）随着运行时间的推移，电机制动功率不断减小，耗能功率不断增大，储能电感电流也不断减小，当电感电流减小到零时，即 c 时刻，储能系统由恒压储能模态转为待机模态，电感电流为零，超级电容电压保持不变，网侧供电电流随耗能功率的不断增大而增大，直流母线电压逐渐回到稳态值。

（5）系统到达 d 时刻后，多电机系统功率接近平均耗能功率，储能系统保持待机状态，直流母线电压稳定在 505V 左右。

以上仿真分析，验证了能量管理策略对系统储能管理的有效性和正确性。

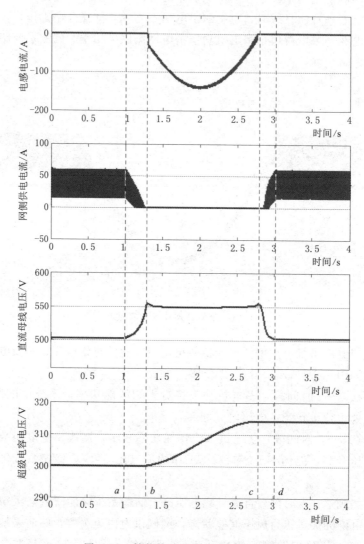

图 4.16　储能管理电流与电压仿真波形

4.3.3.3 能量管理策略的放电管理仿真

当多电机功率增大，需要储能系统和电网一起给多电机系统的供电时，系统的多电机系统功率、储能系统储能功率、网侧供电功率的仿真波形如图4.18所示。

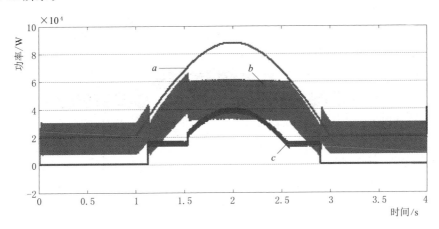

图 4.17 放电管理功率仿真波形

图 4.17 中，线 a 为多电机系统功率；线 b 为网侧供电功率；线 c 为储能系统储能功率。从图 4.18 可以看出，随着多电机系统功率增大，网侧供电功率增大，达到恒流放电电压阈值时，储能系统恒流放电，输出恒定放电功率；当直流母线电压小于恒压放电电压阈值时，储能系统恒压放电，放电功率随多电机系统功率的增大而增大，网侧供电功率则保持不变，削除多电机系统对电网的峰值功率需求，起到削峰作用。

放电管理时储能系统电感电流、网侧供电电流、直流母线电压、超级电容电压仿真波形如图 4.18 所示。由图 4.18 可得以下结论。

（1）在 $0\sim a$ 时间段，储能系统处于待机状态，电感电流为零，直流母线和超电容电压保持不变。

（2）在 $a\sim b$ 时间段，多电机系统耗能功率增大，网侧供电电流增大，但未达到恒流放电的电压阈值，储能系统仍处在待机状态，超级电容电压保持不变，直流母线电压下降。

（3）当到达 b 时刻，直流母线电压小于储能系统恒流放电阈值电压 495V 时，储能系统由待机状态转为恒流放电状态。由于储能系统恒流放电加网侧供电功率大于多电机耗能功率，直流母线电压升高，网侧供电电流减小。但随着多电机耗能功率的持续增大，网侧供电电流继续增大，直流母线电压持续下降。储能系统恒流放电，电感电流保持不变，超级电容电压下降。

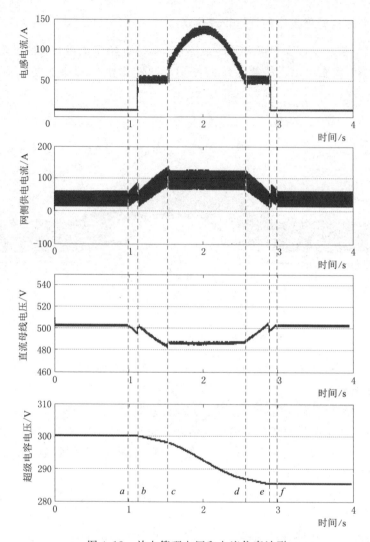

图 4.18　放电管理电压和电流仿真波形

（4）直流母线电压继续下降，小于恒压放电启动电压阈值 $U_{low}=485V$ 时，即 c 时刻，储能系统由恒流放电状态转为恒压放电状态，电感电流随多电机功率的变化，而不断变化。直流母线电压和网侧供电电流保持不变，超级电容电压持续下降。

（5）当储能系统放电电流小于恒流放电电流阈值 50A 时，即到达 d 点，储能系统由恒压放电状态转为恒流放电状态，电感电流保持不变。随着多电机功率的减小，网侧供电电流减小，直流母线电压升高。

（6）当直流母线电压升高到恒流放电结束电压阈值 $U_{low0}=500V$ 时，即到

达 e 点，储能系统由恒流放电状态转为待机状态，放电电流为零，超电容电压保持不变。状态转换时，由于多电机功率仍大于平均功率，网侧供电电流短时升高，直流母线电压短时下降，然后随多电机功率的减小而升高。

（7）当多电机功率接近平均功率时，即 f 点，储能系统处在待机状态，电感电流为零，直流母线电压稳定在稳态值。

以上仿真分析，验证了系统能量管理策略对储能系统放电管理的有效性和正确性。

从两种工况的仿真可以看出，储能系统在能量管理策略的作用下，最大限度吸收电机制动再生电能，并在峰值功率需求时，释放存储的电能，起到削峰填谷作用，使直流母线电压稳定在期望值范围内，验证了能量管理策略的有效性。

4.4 本章小结

本章主要做了以下工作。

（1）在分析多电机共直流母线系统结构的基础上，建立储能子系统的等效电路。并将第 3 章提出的开关变换器切换系统建模方法，应用于储能系统的建模，建立了储能子系统的切换系统模型。通过仿真验证了所建模型的合理性。

（2）通过对系统能量流向的分析，根据能量管理的优化目标，提出了基于储能系统状态转换的能量管理策略。通过引入自动机理论，建立了储能系统能量管理策略的混杂自动机模型，通过仿真验证了能量管理策略的有效性及该策略自动机模型的合理性。

第5章　多电机子系统动态活动周期图模型与协调调度

本章主要研究多电机子系统的建模及其调度问题，考虑到系统中电机的状态是交替出现的离散行为，本文采用活动周期图法来建立多电机子系统模型。但传统活动周期图建模方法主要用于离散事件系统的建模，为使其能够适用于多电机共直流母线混杂系统，通过引入连续变量和局域时钟，提出一种动态活动周期图建模方法，建立多电机系统的动态活动周期图模型。针对多电机子系统的协调调度问题，通过对电机分布均匀度的定义，提出一种基于均匀分布理论的多电机协调调度算法，最后研究了动态活动周期图的仿真方法。

5.1　多电机子系统建模的必要性及采用活动周期图法建模的原因

5.1.1　多电机子系统建模及开展多电机协调调度的必要性

前面的章节，已经建立了多电机共直流母线系统广义模型中整流子系统、储能子系统及能量管理子系统的模型，本章主要开展多电机子系统建模及协调调度算法的研究，这对于建立多电机共直流母线系统的整体模型，开展系统仿真研究至关重要。

目前虽然多电机共直流母线系统在许多行业得到应用，但系统仍有以下问题需要解决。

（1）当多台电机共用直流母线时，一台电机制动再生的能量可以被另一台耗能状态电机吸收，实现系统节能，但当电机制动再生的能量不能被完全吸收时，将引起直流母线电压的泵升。为避免该问题的出现，不论采用何种结构的系统，均会产生设备损耗，降低系统节能效果。为此开展多电机子系统的建模与协调调度研究，对于进一步提高系统节能效果非常重要。

（2）在设计多电机共直流母线系统方案时，不论哪种结构的系统，都需要考虑系统最大耗能功率、最大制动再生功率以及一次性最大回馈或储存能量等，该参数与实际工况有关，目前常用的方法是不考虑具体工况，取其最大值。该取值方法较为保守，设计的系统成本较高，设备利用率低。通过建立多电机系统模型，并基于系统实际工况的仿真，来获取系统参数，使设计的系统方案更趋于合理。

（3）当系统运行时，由于电机状态的随机性，存在着电机耗能和制动状态的不确定性，可能出现多台电机同时耗能、同时制动现象，使得直流母线功率波动幅度较大，造成直流母线电压波动也较大，有时致使设备不能正常运行。采用储能系统存储系统再生电能时，为了提高节能效果及再生能量回收率，需要较大的储能装置容量以保证电机制动能量的完全吸收，这将增加系统成本，设备利用率较低。造成该问题的原因是因为电机状态分布不合理，通过对多电机状态的协调调度，使电机状态合理分布，对于减小直流母线功率波动，进而减小直流母线电压波动以及对电网的影响，减小储能系统容量，降低系统成本，提高系统性能具有非常重要的意义。

5.1.2　采用活动周期图法建模的原因

在有多个电机的系统中，为满足生产和生活的需要，系统中电机状态往往是非连续的离散状态，而由于系统中储能元件的存在，使得系统直流母线电压、电流却是连续变化的，多电机系统是典型的既包含离散事件又包含连续事件行为的混杂系统，非常适合从混杂理论出发研究它的动态行为。

研究多电机系统可以发现，系统中电机状态事件的转变与发生，在很多情况下是不可预知，任一台电机状态的变化都会引起直流母线电压、电流等参数的变化。随着电机数目的增多，给出系统中所有电机状态的组合很困难，也不现实。如何准确反映多电机系统中不确定电机状态及其演化过程，是多电机系统建模的核心，也是对当今建模方法的一大挑战，而基于混杂系统理论的建模方法为多电机系统的建模提供了新的方法和思路。

考虑到电机状态的离散特性，在混杂系统建模方法中，将整个系统看成离散事件动态系统的某种扩展，采用离散事件系统建模分析方法的主要有混杂自动机模型、层次结构模型、混杂 Petri 网（HPN）等几种模型，这些建模方法在电力系统中也都有应用[137]。文献［138］通过分析保护系统的混杂特性及其数学描述，用离散状态逻辑层和连续动态层来描述保护系统的工作特性，把保护装置的输入变量视为连续动态层的状态变量，把保护装置的动作视为系统离散状态逻辑层的变化，由逻辑层协调各连续动态系统的模式切换，建立线路距离保护模型；文献［139］和文献［140］分析了混杂电力系统频率紧急控制问题的典型结构和动态方程，然后采用微分 Petri 网，建立了混杂电力系统频率紧急控制的 Petri 网模型，并提出了相应的优化控制策略。

对于系统中的多电机子系统，由于电机状态交替出现的周期属性，以及与直流母线相互作用的离散行为，使得采用上述方法建模时模型比较复杂或描述困难，图 5.1 为仅有四台电机的多电机子系统的混杂 Petri 模型。而活动周期图法是用来表示系统内要素间逻辑关系，描述系统内实体间相互作用方式的一种建模方法，尤其适用于具有状态交替出现属性的系统，因此本文采用活动周期图建模法来建立多电机共直流母线系统中多电机系统的模型。

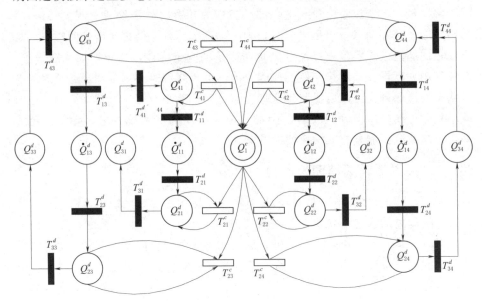

图 5.1　四台电机系统的 Petri 网模型

但传统活动周期图建模方法，主要用于离散事件系统的建模，无法直接用于多电机子系统的建模，必须对其扩展。

5.2　动态活动周期图建模方法

5.2.1　稳态活动周期图

传统活动周期图[58]（Activity Cycle Diagrams，ACDs）方法来源于Tocher 的随机齿轮概念，主要用于离散事件的建模。该建模方法将实体分为活跃和闲两个状态，用如图 5.2 所示的两个基本图符表示，具有简洁、明了等优点。状态之间用箭头相连，不同的实体用不同的线型，表示各实体的状态变化历程。由于它只描述了系统的稳态，本书称之为稳态活动周期图。

活跃状态表示实体正与不同类型实体合作从事某项活动。状态的生命周期一般能事先确定，可根据工况的不同按某种指数分布随机产生，也可依赖于某个条件。

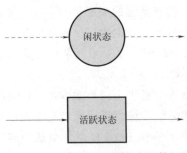

图 5.2　活动周期图基本图符

闲状态则表示没有与其他实体从事活动，处在等待参加某一活动时的状态，与其他实体没有联系。其持续时间在模型中无法确定，一般取决于它紧前和随后的状态以及与它相互作用的实体资源量。每一类实体的活动周期都由一系列的状态组成，随着时间的推移和实体间的相互作用，各个实体不断从一个状态变化到另一个状态，形成系统的动态变化过程。

为了区别实体在系统中作用，还将实体分为临时实体和永久实体两大类，临时实体为按一定规律由系统外部到达系统，按照一定的流程在系统中活动，接受永久实体的服务，最后离开系统。这里的离开系统是指实体停止接受永久实体的服务，仅是一种逻辑意义上的退出。与临时实体相反，那些永久驻留在系统中的实体称为永久实体，是产生协同活动进而完成系统功能的必要条件，所说协同活动指临时实体占用永久实体的资源量，而永久实体参与活动的资源量增加，而其拥有的，能用于再次参加活动的资源量相应减少。

各实体的活动周期图，还必须遵守以下两个基本原则。

（1）交替原则。实体的活跃状态与闲状态必须交替出现，如果实际系统中某一活动完成后其后续活动立即开始，为使活动周期图符合交替原则，可假设这两个活动之间存在一个虚拟的闲状态。

（2）闭合原则。每类实体的初始状态与终止状态必须相同。临时实体的活动周期图表示一类实体从产生到消失的循环过程；而永久实体的活动周期图则表示实体被占用和释放的循环往复过程。

活动周期图法的建模过程是先分别画出各个实体的活动周期图，然后将各实体活动周期图合并得到系统活动周期。在系统活动周期中，标明实体资源占用量及约束条件，根据运行规则运行活动周期图。活动周期图既可以由计算机来仿真，也可由人工来运行，运行的主要依据是时间。

5.2.2 活动周期图的新扩展——动态活动周期图

稳态活动周期图法是以直观的方式显示实体的状态变化历程及各实体之间的交互作用关系，便于理解和分析。其方法可以充分反映各类实体的行为模式，并将系统的状态变化以"个体"状态变化的集合方式表示出来，可以很好地表达众多实体的并发活动和实体之间的协同活动。但是，它描述了系统的稳态，而没有描述系统的瞬态，即只考虑了系统中实体状态的转换关系，而没有考虑实体活动从开始到结束事件的变化过程。因此，为建立系统中多电机系统模型，必须对稳态 ACDs 建模方法进行扩展，将其推广至混杂系统，提出一种动态活动周期图建模方法。对动态活动周期图描述如下。

5.2.2.1 临时实体状态持续时间

在有 n 个临时实体的系统中，第 i 个临时实体有 m 个状态，那么第 i 个临

时实体在各状态的持续时间可表示为

$$\boldsymbol{T}_i(t)=\begin{bmatrix}T_{1i} & T_{2i} & \cdots & T_{mi}\end{bmatrix} \tag{5.1}$$

实体活跃状态的生命周期可根据工况的不同按某种指数分布随机产生。闲状态持续时间在稳态活动周期图中无法事先确定。在动态活动周期中，若与该闲状态紧随活跃状态相对应的永久实体资源量有限时，其持续时间无法事先确定，取决永久实体的资源量；若相对应的永久实体资源量无限或能充分满足临时实体需求时，其持续时间可根据工况随机产生。

为清晰描述活动周期图中各实体的运行状态，在稳态 ACDs 的基础上，引入局部时钟 $\boldsymbol{X}(t)$：

$$\boldsymbol{X}(t)=\{\boldsymbol{x}_1(t),\cdots,\boldsymbol{x}_n(t)\} \tag{5.2}$$

通过 $\boldsymbol{X}(t)$ 来描述临时实体的动态行为，临时实体在某一状态持续时间由局部时钟定义的时间来约束。第 i 个临时实体的局部时钟可表示为

$$\boldsymbol{x}_i(\tau)=\begin{bmatrix}x_i^0 & x_i^1 & x_i^2\end{bmatrix} \tag{5.3}$$

其中，x_i^0 为第 i 个临时实体局部时钟的初始时间（或复位时间），该初始时间是以全局时间来量测和定义的，$x_i^1 \in R$ 表示第 i 个局部时钟在当前状态的持续时间，$x_i^2 : R \rightarrow R$ 为 R 上一个连续的自同态，用来刻画第 i 个局部时钟的动态变化。

若 t 时刻，第 i 个临时实体处在第 j 个状态，那么，则有

$$T_{ji}=x_i^1 \tag{5.4}$$

5.2.2.2　实体状态标识

若第 i 个临时实体有 m 个状态，其状态标识为

$$\boldsymbol{S}_i(t)=\begin{bmatrix}S_{1i}(t) & S_{2i}(t) & \cdots & S_{mi}(t)\end{bmatrix} \tag{5.5}$$

其中，$S_{ji}(t)$ 为状态函数，定义状态函数为

$$S_{ji}(t)=\begin{cases}1,\text{临时实体处在该状态}\\0,\text{临时实体没有处在该状态}\end{cases} \tag{5.6}$$

永久实体的资源可被不同的临时实体占用，与不同的临时实体相互作用，在不同时刻也可与同一临时实体不同状态相互作用。第 k 个永久实体与第 i 个临时实体相互作用的关联标识为

$$\boldsymbol{C}_i^k=(C_{1i}^k,C_{2i}^k,\cdots,C_{mi}^k) \tag{5.7}$$

其中，C_{mi}^k 为关联函数，关联函数定义为

$$C_{mi}^k = \begin{cases} 1, & \text{与永久实体 } k \text{ 有作用关系} \\ 0, & \text{与永久实体 } k \text{ 没有作用关系} \end{cases} \tag{5.8}$$

5.2.2.3 实体资源量

在稳态 ACDs 中，临时实体需要永久实体参加协同活动占用永久实体的资源量或活动完成释放永久实体的资源量，具有常量属性，如"1、2"等，且在活动进行期间，不随时间或其他参量的改变而变化。为了能用于混杂系统的建模，在 ACDs 中引入连续变量，临时实体与永久实体协同活动时占用的资源量不是常量，而是连续变量 $P(t)$，$P(t) = f(t)$，随时间、活动进程或其他参量的改变而变化。第 i 个临时实体占用永久实体的资源量为

$$\boldsymbol{P}_i(t) = \begin{bmatrix} P_{1i}(t) & P_{2i}(t) & \cdots & P_{mi}(t) \end{bmatrix} \tag{5.9}$$

系统的动态变化，往往用永久实体的资源量来表征。在稳态 ACDs 中，永久实体的资源量一般给定最大初始值，然后再减去临时实体占用的资源量。第 k 个永久实体的资源量可表示为

$$Q_k(t) = Q_{\max}^k - \sum_{i=1}^n \sum_{j=1}^m C_{ji}^k S_{ji}(t) P_{ji}(t) \tag{5.10}$$

式中　$Q_{\max}^k$——第 k 个永久实体拥有的最大资源量。

在动态活周期图中，为研究临时实体对永久实体资源量的需求状况，一般不限制永久实体资源量，给永久实体资源量初始值为零，然后再加上临时实体资源占用量。第 k 个永久实体的资源量可表示为

$$Q_k(t) = \sum_{i=1}^n \sum_{j=1}^m C_{ji}^k S_{ji}(t) P_{ji}(t) \tag{5.11}$$

临时实体的第 l 个状态，占用第 k 个永久实体的资源量可表示为

$$Q_k(t) = \sum_{i=1, j=l}^n C_{ji}^k S_{ji}(t) P_{ji}(t) \tag{5.12}$$

5.2.2.4 状态的发生与执行

若第 i 个临时实体处在 $j-1$ 闲状态，那么其随后的活跃状态为 j 状态，该状态能否发生，并与第 k 个永久实体相互作用，除满足自身的约束条件以外，还需满足以下两个条件：

$$Q_k(t) \geqslant P_{ji}(t) \tag{5.13}$$

$$T_{(j-1)i}(t) \leqslant x_i^2 - x_i^0 \tag{5.14}$$

一般情况下，当给定最大资源量 $Q_{\max}^k$ 时，$T_{(j-1)i}(t)$ 的值不能预先得到，满足式（5.13）即可。当给定 $T_{(j-1)i}(t)$ 时，$Q_{\max}^k$ 值很大，或能充分满足临时实体资源量的需求，满足式（5.14）即可。因此动态活动周期图的运行规则有两种，一种是基于时间，一种是基于永久实体的资源量。若预先得到闲状态持续时间，可以仿真研究临时实体对永久实体资源量的需求状况，为设计永久实体的资源量提供依据。若已知永久实体资源量，可仿真研究临时实体的等待时间以及永久实体资源量的利用率等。

5.2.2.5　当前时间的确定与状态的完成

对于动态活动周期图，其当前时间由局域时钟 $X(t)$ 来刻画。若当前第 i 个临时实体处在第 j 个活跃状态，由于其生命周期可以事先确定，那么活跃状态完成的条件是

$$T_{ji}(t) \leqslant x_i^2 - x_i^0 \qquad (5.15)$$

5.2.3　动态活动周期图的建模步骤

总结动态活动周期图法建模的具体步骤如图 5.3 所示。

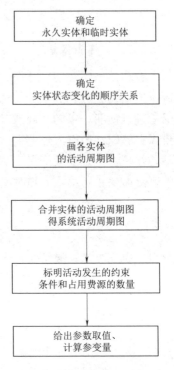

图 5.3　动态活动周期图法建模步骤

5.3　多电机子系统动态活动周期图模型

根据已介绍的动态活动周期图的建模方法和具体步骤，建立多电机系统的动态活动周期图模型。

5.3.1　多电机子系统活动周期图

5.3.1.1　多电机子系统中的实体

在有 n 台电机的共直流母线系统中，多电机子系统实体示意如图 5.4 所示。

从图 5.4 中可以看出，系统中共有两类实体：①直流母线，②电机系统。直流母线是一个永久性功率服务实体，n 个电机系统是 n 个临时性实体。

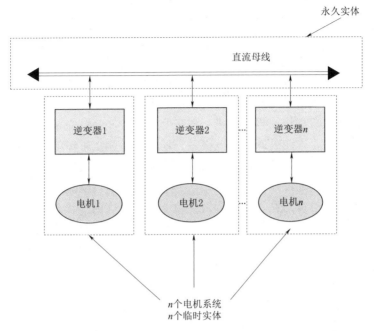

图 5.4 系统实体示意图

5.3.1.2 直流母线活动周期图

在多电机系统中，直流母线是所有电机之间以及电机与电源整流子系统之间功率交换的通道，系统中所有设备都是通过直流母线实现功率交换。电机系统处在耗能状态时，从直流母线吸收功率；电机系统处在制动状态时，回馈功率到直流母线，因此直流母线为每一个电机系统（临时性实体）提供功率服务。可以发现，直流母线有三个状态：①为临时实体电机系统提供电能，简称供电状态；②接收电机制动时再生的电能，简称馈电状态；③等待为临时实体服务，简称等待状态。其活动周期图如图 5.5 所示。

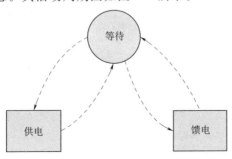

图 5.5 直流母线活动周期图

5.3.1.3 电机系统活动周期图

考察起重设备的作业过程，当起重电机提升重物时，起重机储存重物势能，电机系统消耗直流母线功率。提升达到要求高后，起重机调整位置准备下放重物时，起重机不储能，也不释放能量，电机系统不耗能也不回馈电能。当重物下放时，起重机释放重物势能，拖动起重电机处于制动发电状态，电机系统回馈能量到直流母线。当起重机下放重物后，势能释放完毕，重新处于等待状态，等待新一轮作业的开始，电机系统同样不耗能也不馈能。可以发现，起重电机在耗能、等待馈能、馈能、等待耗能状态之间周期往复变化。

还有其他工况的设备，也具有相同的情况，如油田瞌头机、电梯、造纸机等，系统中的电机总是在耗能、待馈、馈能、待耗这四个状态之间周而复始地交替变化。因此定义电机系统有四个工作状态：①从直流母线上吸收功率，简称耗能状态（或称储能状态，在该状态系统吸收直流母线功率并转化为其形式的能，如动能或势能，储存起来）；②等待回馈能量到直流母线，简称待馈状态；③回馈能量到直流母线，简称馈能状态；④等待从直流母线上吸收电能，简称待耗状态。那么电机系统活动周期图如图5.6所示。

5.3.1.4 多电机系统的动态活动周期图

分析直流母线活动周期图和电机系统活动周期图可以发现，直流母线功率服务永久实体的供电与馈电两个状态与临时实体电机系统的耗能和馈能两个状态相对应，协同工作，共同完成整个活动，将直流母线活动周期图和电机活动周期图合并，可得到系统活动周期图，如图5.7所示。

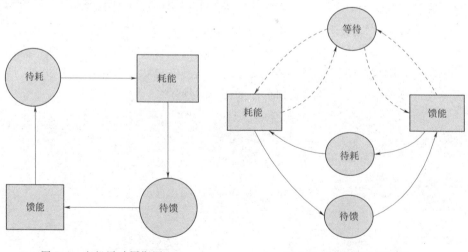

图5.6 电机活动周期图   图5.7 系统活动周期图

5.3.2 实体资源量

如果系统中有 n 个电机系统,那么临时实体电机系统在每个状态的持续时间 $\boldsymbol{T}(t)$ 为

$$\boldsymbol{T}(t) = \begin{bmatrix} T_{11} & T_{12} & \cdots & T_{1n} \\ T_{21} & T_{22} & \cdots & T_{2n} \\ T_{31} & T_{32} & \cdots & T_{3n} \\ T_{41} & T_{42} & \cdots & T_{4n} \end{bmatrix} \tag{5.16}$$

其中:

$$\boldsymbol{T}_i(t) = \begin{bmatrix} T_{1i} & T_{2i} & T_{3i} & T_{4i} \end{bmatrix}^{\mathrm{T}} \tag{5.17}$$

式中 $\boldsymbol{T}_i(t)$——第 i 个电机系统在每个状态的持续时间;

T_{2i}、T_{4i}——电机系统处于耗能和馈能状态的生命周期(活跃状态);

T_{1i}、T_{3i}——电机系统处于待耗和待馈状态的持续时间(闲状态),其持续时间为与工况有关的指数分布。

于是 t 时刻 n 个电机系统与持续时间 $\boldsymbol{T}(t)$ 相对应的状态可表示为

$$\boldsymbol{S}(t) = \begin{bmatrix} S_{11}(t) & S_{12}(t) & \cdots & S_{1n}(t) \\ S_{21}(t) & S_{22}(t) & \cdots & S_{2n}(t) \\ S_{31}(t) & S_{32}(t) & \cdots & S_{3n}(t) \\ S_{41}(t) & S_{42}(t) & \cdots & S_{4n}(t) \end{bmatrix} \tag{5.18}$$

其中:

$$\boldsymbol{S}_i(t) = \begin{bmatrix} S_{1i}(t) & S_{2i}(t) & S_{3i}(t) & S_{4i}(t) \end{bmatrix}^{\mathrm{T}} \tag{5.19}$$

式中 $\boldsymbol{S}_i(t)$——t 时刻第 i 个电机的状态。

在 t 时刻 n 个电机系统对应状态下占用直流母线的资源量(功率)为

$$\boldsymbol{P}(t) = \begin{bmatrix} P_{11}(t) & P_{12}(t) & \cdots & P_{1n}(t) \\ P_{21}(t) & P_{22}(t) & \cdots & P_{2n}(t) \\ P_{31}(t) & P_{32}(t) & \cdots & P_{3n}(t) \\ P_{41}(t) & P_{42}(t) & \cdots & P_{4n}(t) \end{bmatrix} \tag{5.20}$$

其中

$$\boldsymbol{P}_i(t) = \begin{bmatrix} P_{1i}(t) & P_{2i}(t) & P_{3i}(t) & P_{4i}(t) \end{bmatrix}^{\mathrm{T}} \tag{5.21}$$

$\boldsymbol{P}_i(t)$ 为 t 时刻,第 i 个电机在每个状态占用直流母线的资源量(功率)。

对于起重机系统，电机处在待耗和待馈状态时，$P_{1i}(t)=P_{3i}(t)=0$。式（5.21）可写为

$$\boldsymbol{P}_i(t)=\begin{bmatrix}0 & P_{2i}(t) & 0 & P_{4i}(t)\end{bmatrix}^{\mathrm{T}} \tag{5.22}$$

直流母线永久实体与各临时实体状态的关联标识为

$$\boldsymbol{C}^1=\begin{bmatrix}C_{11}^1 & C_{12}^1 & \cdots & C_{1n}^1 \\ C_{21}^1 & C_{22}^1 & \cdots & C_{2n}^1 \\ C_{31}^1 & C_{32}^1 & \cdots & C_{3n}^1 \\ C_{41}^1 & C_{42}^1 & \cdots & C_{4n}^1\end{bmatrix} \tag{5.23}$$

其中

$$C_i^1=\begin{bmatrix}C_{1i} & C_{2i} & C_{3i} & C_{4i}\end{bmatrix}^{\mathrm{T}} \tag{5.24}$$

C_i^1 为直流母线功率服务实体与第 i 个电机系统的关联标识。由于系统中只有一个永久实体，该那么则有

$$C_i^1=\begin{bmatrix}1 & 1 & 1 & 1\end{bmatrix}^{\mathrm{T}} \tag{5.25}$$

永久实体直流母线的资源量（直流母线功率）为

$$Q_1(t)=\sum_{i=1}^{n}\sum_{j=1}^{4}C_{ji}^1 S_{ji}(t)P_{ji}(t) \tag{5.26}$$

临时实体耗能状态占用直流母线的资源量为

$$Q_1^2(t)=\sum_{i=1}^{n}C_{2i}^1 S_{2i}(t)P_{2i}(t) \tag{5.27}$$

临时实体馈能状态占用直流母线的资源量为

$$Q_1^4(t)=\sum_{i=1}^{n}C_{4i}^1 S_{4i}(t)P_{4i}(t) \tag{5.28}$$

由于直流母线只有一条，系统中也就只有一个永久性实体，因此令 $\boldsymbol{C}=\begin{bmatrix}1 & 1 & 1 & 1\end{bmatrix}$，直流母线资源量（功率）式（5.26）可写为

$$P_{dc}(t)=Q_1(t)=\boldsymbol{C}(\boldsymbol{S}(t)\odot\boldsymbol{P}(t))\boldsymbol{M}^{\mathrm{T}} \tag{5.29}$$

其中"$\odot$"表示作向量的 Hadamard 积，$\boldsymbol{M}\in R^n$ 为电机状态向量，其中元素

$$M_i=\begin{cases}1, i\ \text{电机工作} \\ 0, i\ \text{电机不工作}\end{cases} \tag{5.30}$$

分析式（5.29）可知，多电机系统的动态活动周期图模型与其物理背景吻合，因而所建模型的动态变化能够充分体现多电机系统的动态变化。

5.4 电机系统功率

为便于分析，把电机、逆变器以及电机拖动的机械传动设备视为一个整体，记为电机系统。

5.4.1 电机系统回馈功率

电机处在制动发电状态时，电机系统的功率流向如图5.8所示。

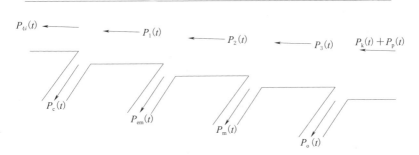

图 5.8 回馈状态电机系统功率流向图

图 5.8 中：$P_{4i}(t)$ 为第 i 个电机系统在 t 时刻的回馈功率，$P_1(t)$ 为电机制动功率，$P_2(t)$ 为输入电机功率，$P_3(t)$ 为输入机械功率，$P_o(t)$ 为输出机械消耗功率，$P_c(t)$ 为逆变器损耗功率，$P_{em}(t)$ 为电机损耗功率，$P_m(t)$ 为机械损耗功率，$P_k(t)+P_p(t)$ 为动能和势能功率。设逆变器效率为 η_c，机械传动效率为 η_m，则有

$$P_2(t)=\eta_m P_3(t)=\eta_m[P_k(t)+P_p(t)-P_o(t)] \qquad (5.31)$$

$$P_{4i}(t)=\eta_c P_1(t) \qquad (5.32)$$

对 i 个电机系统，被拖动对象的转动惯量 J_m 为

$$J_m=\alpha m \qquad (5.33)$$

式中　m——被拖动对象的质量；

α——系统的传动计算系数。

在 t 时刻，电机系统消耗动能的转矩 $T_k(t)$ 为

$$T_k(t) = -(J_e + \alpha m)\frac{d\omega_m(t)}{dt} \tag{5.34}$$

式中　$\omega_m(t)$——电机转子的机械角速度；

　　　J_e——电机系统自身转动惯量。

那么电机系统动能消耗功率 $P_k(t)$ 为

$$P_k(t) = -(J_e + \alpha m)\omega_m(t)\frac{d\omega_m(t)}{dt} \tag{5.35}$$

在 t 时刻，电机系统消耗势能转矩为 $T_p(t)$：

$$T_p(\tau) = J_m g\sin\theta = \alpha mg\sin\theta \tag{5.36}$$

式中　θ——与水平面的夹角。

那么消耗势能功率为 $P_p(t)$：

$$P_p(t) = \alpha mg\sin\theta\omega_m(t) \tag{5.37}$$

本书采用如图 5.9 所示电机简化等效电路模型[141]。

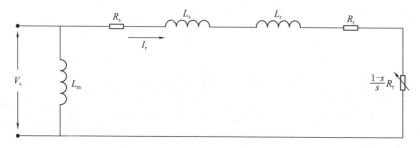

图 5.9　电机简化等效电路模型

图 5.9 中：V_s 为定子侧电压，R_s 为定子侧电阻，L_s 为定子侧电感，L_r 为转子侧电感，R_r 为转子侧电阻，L_m 为定子侧磁化电感，s 为转差率，那么输入电机功率 $P_2(t)$ 为

$$P_2(t) = 3I_r^2\frac{1-s}{s}R_r = \eta_m[P_k(t) + P_p(t) - P_o(t)] \tag{5.38}$$

忽略励磁损耗，可得电机制动功率 $P_1(t)$ 为

$$P_1(t) = \left(\frac{1}{1-s} + \frac{s}{1-s}\frac{R_s}{R_r}\right)P_2(t) \tag{5.39}$$

那么电机系统回馈功率 $P_{4i}(t)$ 为

$$P_{4i}(t) = \eta_c P_1(t) = \eta_c \left(\frac{1}{1-s} + \frac{s}{1-s} \frac{R_s}{R_r} \right) P_2(t) \tag{5.40}$$

将式（5.38）代入式（5.40），得到：

$$P_{4i}(t) = \eta_c \eta_m \left(\frac{1}{1-s} + \frac{s}{1-s} \frac{R_s}{R_r} \right) [P_k(t) + P_p(t) - P_o(t)] \tag{5.41}$$

其中 $P_k(t)$、$P_p(t)$ 由式（5.35）和式（5.37）得出。

若令 $\eta_b = \frac{1}{1-s} + \frac{s}{1-s} \frac{R_s}{R_r}$，则式（5.41）可写为

$$P_{4i}(t) = \eta_c \eta_m \eta_b [P_k(t) + P_p(t) - P_o(t)] \tag{5.42}$$

5.4.2 电机系统耗能功率

电机处在电动耗能状态时，电机系统的能量流程可用如图 5.10 所示的功率流向图来表示。

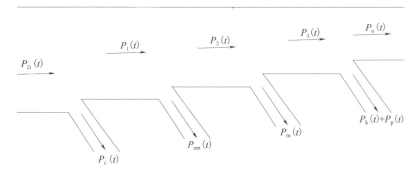

图 5.10 电动状态电机系统能量流向图

图 5.10 中：$P_{2i}(t)$ 为第 i 个电机系统在电动耗能状态时的耗电功率，$P_1(t)$ 为电机输入功率，$P_2(t)$ 为电机输出功率，$P_3(t)$ 为输出机械功率，$P_o(t)$ 为输出机械消耗功率，$P_c(t)$ 为逆变器损耗功率，$P_{em}(t)$ 为电机损耗功率，$P_m(t)$ 为机械损耗功率，$P_k(t) + P_p(t)$ 为转化为动能和势能的功率。

类似于式（5.41）的推导过程，可得

$$P_{2i}(t) = \frac{1}{\eta_c} \frac{1}{\eta_m} \frac{1}{\frac{(1-s)R_r}{sR_s+R_r}} [P_k(t) + P_p(t) + P_o(t)] \tag{5.43}$$

其中：

$$P_k(t) = (J_e + \alpha m)\omega_m(t)\frac{d\omega_m(t)}{dt} \tag{5.44}$$

$$P_p(t) = \alpha mg\sin\theta\omega_m(t) \tag{5.45}$$

若令 $\eta_e = \dfrac{(1-s)R_r}{sR_s + R_r}$，则式（5.43）可写为

$$P_{2i}(t) = \frac{1}{\eta_c}\frac{1}{\eta_m}\frac{1}{\eta_e}[P_k(t) + P_p(t) + P_o(t)] \tag{5.46}$$

5.4.3　起重机系统能流分析

5.4.3.1　重物下降过程

重物在下降过程中，势能负载拖动电机，使电机处于制动发电状态，回馈能量到直流母线，其能量流向图如图 5.11 所示。

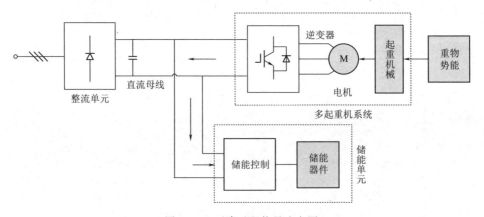

图 5.11　下降过程能量流向图

为了便于分析，把临时实体电机系统的运行过程分为启动、匀速运行、停止 3 个阶段，如图 5.12 所示。

E_1	t_1	E_2	t_2	E_3	t_3
启动 P_1		匀速运行 P_2		停止 P_3	

图 5.12　电机系统运行过程

设第 i 个电机系统储存的总势能为 E_p，电机系统在 3 个阶段释放的势能分别是 E_1、E_2、E_3，那么则有

$$E_p = E_1 + E_2 + E_3 \tag{5.47}$$

如果电机系统在 3 个阶段运行所用的时间分别是 t_1、t_2、t_3，那么则有

$$T_{4i} = t_1 + t_2 + t_3 \tag{5.48}$$

如果电机系统在 3 个阶段运行时的制动发电功率分别是 P_1、P_2、P_3，在第一阶段，由式（5.42）可得

$$\eta_c \eta_m \eta_b E_1 = \int_0^{t_1} P_1(t)\mathrm{d}t + \frac{1}{2}(J_e + J_m)\omega^2 \tag{5.49}$$

那么

$$\int_0^{t_1} P_1(t)\mathrm{d}t = E_1 \eta_c \eta_m \eta_b - \frac{1}{2}(J_e + J_m)\omega^2 \tag{5.50}$$

式中　J_m——电机系统拖动对象的转动惯量；

　　　J_e——电机系统自身的转动惯量；

　　　ω——电机的角速度。

在该阶段电机系统由静止状态转到匀速运行状态，系统释放的势能一部分通过电机转化为电能回馈直流母线，一部分转化为电机系统的动能。

在第二阶段，则有

$$\eta_c \eta_m \eta_b E_2 = \int_0^{t_2} P_2(t)\mathrm{d}t \tag{5.51}$$

在该阶段，电机系统匀速运行，动能没有发生变化，系统释放的势能全部转化为电能，回馈到直流母线上。

在第三阶段，则有

$$\eta_c \eta_m \eta_b E_3 = \int_0^{t_3} P_3(t)\mathrm{d}t - \frac{1}{2}(J_e + J_m)\omega^2 \tag{5.52}$$

$$\int_0^{t_3} P_3(t)\mathrm{d}t = E_3 \eta_c \eta_m \eta_b + \frac{1}{2}(J_e + J_m)\omega^2 \tag{5.53}$$

在该阶段，电机系统由匀速运行状态转到静止状态，除电机系统释放的势能全部转化为电能外，系统的动能也通过电机转化为电能。因此电机系统在这一状态的平均资源占用量为

$$P_{4i} = \frac{\int_0^{t_1} P_1(t)\mathrm{d}t + \int_0^{t_2} P_2(t)\mathrm{d}t + \int_0^{t_3} P_3(t)\mathrm{d}t}{t_1 + t_2 + t_3} \tag{5.54}$$

把式（5.47）、式（5.48）、式（5.50）、式（5.51）、式（5.53）代入式

(5.54) 得

$$P_{4i} = \frac{\eta_c \eta_m \eta_b E_P}{T_{4i}} \tag{5.55}$$

若物体的质量为 $m\,\mathrm{kg}$，平均下降速度为 v_{av}，那么式（5.55）可写为

$$P_{4i} = \eta_c \eta_m \eta_b m g v_{av} \tag{5.56}$$

目前在港口起重机械系统中，可供选择的逆变器品牌以及电机的品牌是多样的，而且机械传动形式也是多样的，其设备效率在一定范围内变化。一般来说，$\eta_c = 0.95 \sim 0.98$，$\eta_b = 0.78 \sim 0.82$，$\eta_m = 0.85 \sim 0.92$[16]。因此不同的起重机系统，由于采用的设备不同，下放重物所回馈的电能和功率也不相同。

5.4.3.2　提升重物过程

起重机在提升重物过程中，系统从电网吸收电能，克服系统摩擦力及地球引力对重物做功。其能量流向图如图 5.13 所示。

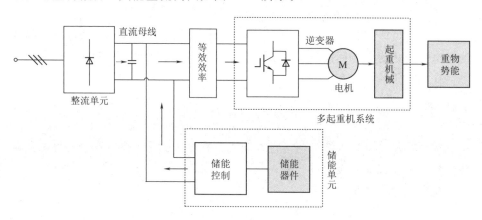

图 5.13　提升过程能量流向图

提升过程与下降过程类似，也可分为图 5.12 所示的启动、匀速运行、停止 3 个阶段。设第 i 个电机系统要储存的势能是 E_p，系统的等效效率是 η_{eq}，电机系统在 3 个阶段储存的势能分别是 E_1、E_2、E_3，在 3 个阶段运行的时间分别是 t_1、t_2、t_3，在 3 个阶段电机系统的耗能功率分别是 P_1、P_2、P_3。

那么在第一阶段，由式（5.46）可得

$$\int_0^{t_1} P_1(t)\mathrm{d}t = \frac{1}{\eta_c} \frac{1}{\eta_m} \frac{1}{\eta_e} \frac{1}{\eta_{eq}} \left[E_1 + \frac{1}{2}(J_e + J_m)\omega^2 \right] \tag{5.57}$$

在该阶段电机系统由静止状态转到匀速运行状态，消耗直流母线电能的一部分通过电机转化为动能，另一部分转化为系统的势能储存起来。

在第二阶段，则有

$$\int_0^{t_2} P_2(t)\,\mathrm{d}t = \frac{1}{\eta_c}\frac{1}{\eta_m}\frac{1}{\eta_e}\frac{1}{\eta_{eq}}E_2 \tag{5.58}$$

在该阶段，电机系统匀速运行，动能没有发生变化，电机系统吸收直流母线的电能，除部分机械消耗外全部转变为势能。

在第三阶段，则有

$$\int_0^{t_3} P_3(t)\,\mathrm{d}t = \frac{1}{\eta_c}\frac{1}{\eta_m}\frac{1}{\eta_e}\frac{1}{\eta_{eq}}\left[E_3 - \frac{1}{2}(J_e + J_m)\omega^2\right] \tag{5.59}$$

在该阶段，电机系统由匀速运行状态转到静止状态，电机系统吸收直流母线的电能全部转化为势能，系统的动能也通过电机转化为势能。因此电机系统在这一状态的平均资源占用量为

$$P_{2i} = \frac{\displaystyle\int_0^{t_1} P_1(t)\,\mathrm{d}t + \int_0^{t_2} P_2(t)\,\mathrm{d}t + \int_0^{t_3} P_3(t)\,\mathrm{d}t}{t_1 + t_2 + t_3} \tag{5.60}$$

把式（5.47）、式（5.48）、式（5.50）、式（5.51）、式（5.53）代入式（5.54）得

$$P_{2i} = \frac{1}{\eta_c}\frac{1}{\eta_m}\frac{1}{\eta_e}\frac{1}{\eta_{eq}}\frac{E_p}{T_{2i}} \tag{5.61}$$

若物体的质量为 $m\,\mathrm{kg}$，上升时的平均速度为 v_{av}，那么式（5.61）可写为

$$P_{2i} = \frac{1}{\eta_c}\frac{1}{\eta_m}\frac{1}{\eta_e}\frac{1}{\eta_{eq}}mgv_{av} \tag{5.62}$$

与下降过程相比，在提升过程中，机械传动系统与逆变器这两个环节的能量传输效率基本相同，但电动机的效率有所提高，一般 $\eta_e = 0.725 \sim 0.952$[16]。起重机系统的等效效率一般为 $\eta_{eq} = 0.85 \sim 0.90$[16]。因此提升相同重物，采用的设备不同，所消耗的电能也不相同。

5.5　基于均匀分布理论的多电机协调调度算法

5.5.1　基于活动周期图的多电机调度机理

调度问题是离散事件系统领域的一个关键问题，好的调度能够有效地提高设备利用率，提高系统性。对于多电机共直流母线系统，协调调度的目的是使耗能状态电机完全吸收制动状态电机所再生的电能，提高节能效果，并保持直

流母线电压和功率的稳定。在从表面来看，协调调度的对象是直流母线的电压和电流，是连续变量。而实际上，直流母线电压和电流是受电机状态控制的，协调调度的实际对象应是多电机的状态，是离散事件，是对离散事件的调度问题。

第 5.3 节已经建立了多电机系统的动态活动周期图模型，基于活动周期图建模方法的调度机理是：通过改变实体活动发生的条件，来改变实体的运行状态。在实体活动发生规则中实现对资源量的申请，在活动完成中实现对资源量的释放和再分配。活动能否发生，与约束条件有关，通过改变约束条件实现对实体状态的调度。实际调度中，不同工况实体活动发生流程和完成流程各不相同，具体约束条件的改变方法也差别很大。

根据动态活动周期图活动发生与执行规则，活动能否发生与执行的条件有两个：①活动发生的时间，即式（5.14）；②永久实体的资源量能否满足临时实体活动发生的条件，即式（5.13），因此活动周期图的协调调度有基于时间和基于资源量两种方法。

5.5.1.1　基于时间的方法

基于时间的方法是未给定永久实体的资源量，根据工况随机产生满足一定要求的临时实体闲状态持续时间，仿真研究临时实体对资源量的需求状况，为系统配置永久实体资源量的大小提供依据。例如在设计多电机共直流母线系统方案时，耗能电阻的阻值、功率，储能系统的储能容量、功率等参数的选择，通过基于时间的仿真可为该参数的选取提供依据。目前多采用的取值方法比较保守，通过协调调度可进一步减小设备的容量，仿真研究可为选取较小容量的设备提供依据。

基于时间的方法是在可调度时段（一般为闲状态），通过算法计算协调调度时间，延迟活跃状态的发生来实现状态的调度。

对于多电机共直流母线系统，由图 5.6 所示电机系统活动周期图可知，电机有耗能和馈能两个活跃状态，以及待馈和待耗两个闲状态，因此系统有两个环节可进行电机运行状态的协调调度：①是电机处在待耗状态，等待耗能状态活动的发生时，通过适当延长待耗时间，推迟电机耗能状态活动的发生实现调度；②是电机处在待馈状态，等待馈能状态活动的发生时，通过适当延长待馈时间，推迟执行馈电状态的时间实现调度。电机可协调调度状态如图 5.14 所示。

在工程实际中，工况不同可协调调度的时段也不相同。有的工况两个环节均可作为可调调度时段，如起重机系统，起重电机耗能状态发生的时间（提升重物的开始时间）以及馈能状态发生的时间（重物下降的开始的时间）均可协

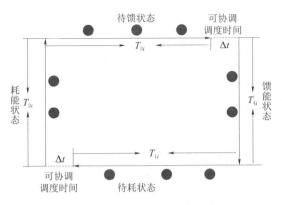

图 5.14 电机可协调调度状态

调调度；而有的工况只有一个环节能作为可协调调度时段，如电力机车，在电机起动时可作为协调调度时段，刹车时在许多情况下都不能作为可协调调度时段。通过计算图 5.14 所示电机各状态运行时间，即可实现对多电机共直流母线系统中电机状态的调度。

5.5.1.2 基于资源量的方法

基于资源量的方法是永久实体的资源量一定的情况下，通过仿真或实际运行，考察永久实体资源量的平均利用率和利用指数以及临时实体的等待时间等。通过选择合适的永久实体的资源量，既可以缩短临时实体的等待时间，又可以提高永久实体资源量的利用率。

基于资源量的方法是在可调度时段（一般为闲状态），临时实体到达后，活跃状态发生并占用永久实体资源量后，永久实体还要满足系统对资源量的约束，否则临时实体活动不能发生，以此实现对临时实体状态的调度。基于资源量的方法调度流程如图 5.15 所示。

比较两种方法可以发现，其实质是一样的，都是通过延迟实体活跃状态的发生来实现。本书以耗能状态电机最大限度吸收制动状态再生电能为出发点，采用基于时间的方法研究多电机系统的协调调度，计算多电机的协调调度时间。

5.5.2 基于均匀分布理论的协调调度算法

5.5.2.1 电机分布均匀度定义

考察有 n 个电机系统的共用直流母线系统，电机在各状态的分布如图 5.16 所示。可以发现，系统中全部电机功率为 4 维均匀分布条件，即在任一时刻 t，满足

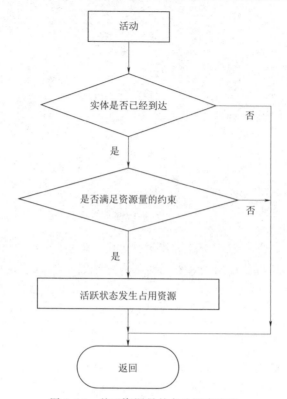

图 5.15　基于资源量的方法调度流程

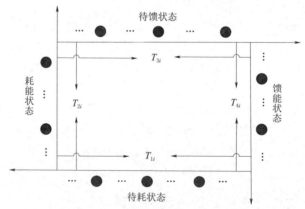

图 5.16　系统的电机状态分布图

$$\sum_{i=1}^{n} S_{1i}(t) P_{2i}(t) T_{1\mathrm{AV}} \approx \sum_{i=1}^{n} S_{2i}(t) P_{2i}(t) T_{2\mathrm{AV}} \approx \sum_{i=1}^{n} S_{3i}(t) P_{2i}(t) T_{3\mathrm{AV}}$$

$$\approx \sum_{i=1}^{n} S_{4i}(t) P_{2i}(t) T_{4\mathrm{AV}} \tag{5.63}$$

时，其中 T_{1AV}、T_{2AV}、T_{3AV}、T_{4AV} 分别为电机待耗、耗能、待馈、馈能状态的平均持续时间，由能量守恒定理可知，必有 $\sum\limits_{i=1}^{n} S_{2i}(t) P_{2i}(t) T_{2AV} > \sum\limits_{i=1}^{n} S_{4i}(t) P_{4i}(t) T_{4AV}$，即耗能状态电机消耗的电能一定大于制动状态电机再生的电能，此时制动电机回馈的电能被耗能电机完全吸收，系统始终耗能，不回馈电能，最大限度地节约了电能。为此定义电机分布均匀度如下。

定义 5.1 电机分布均匀度是指电机在所有状态分布的均匀程度。如果系统中有 n 个电机系统，电机整个周期平均运行时间是 T_{m}，每台电机与前面一台电机的时间间隔分别是 $t_{i}(i=1,2,\cdots,n)$。则电机分布均匀度 B 表示为

$$B = \sum_{i=1}^{n} (t_{i} - T_{m} w_{i})^{2} \tag{5.64}$$

式中　w_{i}——与电机功率相关的加权，$w_{i} = A P_{2i}(t)$；

　　　A——加权系数，$A = \dfrac{1}{\sum\limits_{i=1}^{n} P_{2i}(t)}$。

由定义可知，B 越大，电机分布越不均匀，直流母线功率的波动幅度越大；B 越小，电机分布越均匀，直流母线功率的波动幅度越小。当 $B \rightarrow 0$ 时，电机收敛于均匀分布，此时由于电机状态的离散性，直流母线功率波动幅度较小，且随电机数 n 的增大波动幅度越来越小。

因此通过计算使 B 取最小值的调度时间，即可实现对多电机共直流母线系统中电机状态的协调调度。

5.5.2.2 协调调度时间

设 t 时刻第 i 个电机系统处在可协调调度状态时段，协调调度时间为 Δt_{i}，现对第 i 个电机系统协调调度，协调调度前电机分布均匀度见式（5.64），调度后电机分布均匀度为

$$B = \sum_{k \neq i, k \neq i+1}^{n} (t_{k} - T_{m} w_{k})^{2} + (t_{i} + \Delta t_{i} - T_{m} w_{i})^{2} + (t_{i+1} - \Delta t_{i} - T_{m} w_{i+1})^{2} \tag{5.65}$$

那么 $\partial B / \partial \Delta t_{i}$ 为

$$\frac{\partial B}{\partial \Delta t_{i}} = 2 t_{i} - 2 T_{m} w_{i} - 2 t_{i+1} + 2 T_{m} w_{i+1} + 4 \Delta t_{i} \tag{5.66}$$

令 $\partial B / \partial \Delta t_{i} = 0$，可解得到最优协调调度时间 Δt_{i} 为

$$\Delta t_i = \frac{(t_{i+1} - T_{\mathrm{m}} w_{i+1}) - (t_i - T_{\mathrm{m}} w_i)}{2} \qquad (5.67)$$

对于实际系统，活动状态的发生只能向后延迟，因此当 $\Delta t_i < 0$ 时，取 $\Delta t_i = 0$。

这里 Δt_i 是第 i 个电机系统以第 $i-1$，第 $i+1$ 个电机系统的运行状态进行一次协调调度。当需要以多个电机系统的状态协调调度时，若 t 时刻第 i 个电机系统处在可协调调度状态时段，以第 $i-1$，第 $i+1$，…，第 $i+j$ 个电机系统的运行状态对第 i 个电机系统进行协调调度。根据 j 个电机系统的状态开展协调调度，需要 j 次调度后才能显现本次调度协调的性能，设每次协调调度时间为 $\Delta t_k (k=1,\cdots,j)$，类似于式（5.65）的推导过程，可得到

第 1 次协调调度后 B_1 为

$$B_1 = \sum_{k \neq i,i+1}^{n} (t_k - T_{\mathrm{m}} w_k)^2 + (t_i + \Delta t_1 - T_{\mathrm{m}} w_i)^2 + (t_{i+j} - \Delta t_1 - T_{\mathrm{m}} w_{i+1})^2$$

$$(5.68)$$

第 2 次协调调度后 B_2 为

$$B_2 = \sum_{k \neq i,\cdots,i+2}^{n} (t_k - T_{\mathrm{m}} w_k)^2 + (t_i + \Delta t_1 - T_{\mathrm{m}} w_i)^2 + (t_{i+1} - \Delta t_1 + \Delta t_2 - T_{\mathrm{m}} w_{i+1})^2$$
$$+ (t_{i+j} - \Delta t_2 - T_{\mathrm{m}} w_{i+2})^2 \qquad (5.69)$$

以此类推，可以得到第 j 次协调调度后 B_j 为

$$B_j = \sum_{k \neq i,\cdots,i+j}^{n} (t_k - T_{\mathrm{m}} w_k)^2 - (t_i + \Delta t_1 - T_{\mathrm{m}} w_i)^2 - \sum_{l=1}^{j-1} (t_{i+l} - \Delta t_l + \Delta t_{l+1} - T_{\mathrm{m}} w_l)^2$$
$$- (t_{i+j} - \Delta t_j - T_{\mathrm{m}} w_{i+j})^2 \qquad (5.70)$$

电机分布均匀度变化量 ΔB 为

$$\Delta B = B - B_j = \sum_{l=1}^{j+1} (t_{i+l-1} - T_{\mathrm{m}} w_{i+l-1})^2 - (t_i + \Delta t_1 - T_{\mathrm{m}} w_i)^2$$
$$- \sum_{l=1}^{j-1} (t_{i+l} - \Delta t_l + \Delta t_{l+1} - T_{\mathrm{m}} w_{i+l})^2 - (t_{i+j} - \Delta t_j - T_{\mathrm{m}} w_{i+j})^2$$

$$(5.71)$$

令 $\partial \Delta B / \partial \Delta t_1 = 0$ 为

$$\frac{\partial \Delta B}{\partial \Delta t_1} = -2t_i - 4\Delta t_1 + 2T_{\mathrm{m}} w_i + 2t_{i+1} + 2\Delta t_2 - T_{\mathrm{m}} w_{i+1} = 0 \qquad (5.72)$$

令$\partial \Delta B / \partial \Delta t_2 = 0$ 为

$$\frac{\partial \Delta B}{\partial \Delta t_2} = -2t_{i+1} - 4\Delta t_2 + 2\Delta t_1 + 2T_m w_{i+1} + 2t_{i+2} + 2\Delta t_3 - T_m w_{i+2} = 0$$

$$(5.73)$$

那么$\partial \Delta B / \partial \Delta t_k = 0$ 为

$$\frac{\partial \Delta B}{\partial \Delta t_k} = -2t_{i+k-1} - 4\Delta t_k + 2\Delta t_{k-1} + 2T_m w_{i+k-1} + 2t_{i+k} + 2\Delta t_{k+1} - T_m w_{i+k} = 0$$

$$(5.74)$$

那么$\partial \Delta B / \partial \Delta t_j = 0$ 为

$$\frac{\partial \Delta B}{\partial \Delta t_j} = -2t_{i+j-1} - 4\Delta t_j + 2\Delta t_{j-1} + 2T_m w_{i+j-1} + 2t_{i+j} - T_m w_{i+j} = 0$$

$$(5.75)$$

求解由式（5.72）～式（5.75）所组成的 j 元方程组，得协调调度时间 Δt_i 为

$$\Delta t_i = \Delta t_1 = \frac{\sum_{k=i}^{i+j}(t_k - T_m w_k)}{j+1} - (t_i - T_m w_i) \qquad (5.76)$$

同样协调时间只能向后延时，当 $\Delta t_i < 0$ 时，取 $\Delta t_i = 0$。当对第 $i+1$ 台电机协调调度时，重复上述过程。

5.6　多电机子系统动态活动周期图模型仿真方法

5.6.1　动态活动周期图模型的仿真方法

仿真是一种基于模型的活动，动态活动周期图只给出了一种系统建模的方法，要实现模型的分析和仿真还需要设计针对该模型的求解算法，使其在计算机上得以实现。

目前活动周期图法常用的仿真方法主要有事件调度法、活动扫描法和进程交互法，由于动态活动周期图临时实体资源占用量随时间变化的特性，这些仿真方法，都不再适用动态活动周期图的仿真，为此采用步长推进的仿真方法。但在活动周期图运行过程中，活动持续时间差别很大，有些活动持续时间较长，而有些活动只是在瞬间开始并立刻结束，活动持续时间较短。仿真时，该类活动往往不能被捕捉，但是该活动还要激发别的事件，忽略了该活动则不能

准确刻画系统的动态特性，从而引起系统误差。为避免该类情况发生，往往设定较短步长，这又会使仿真数据大量增加，仿真时间加长，数据处理时变得很慢并难以处理[142,143]。

因此，对步长推进仿真方法进行了改进，采用步长推进加事件调度的仿真方法。其仿真流程如图 5.17 所示。

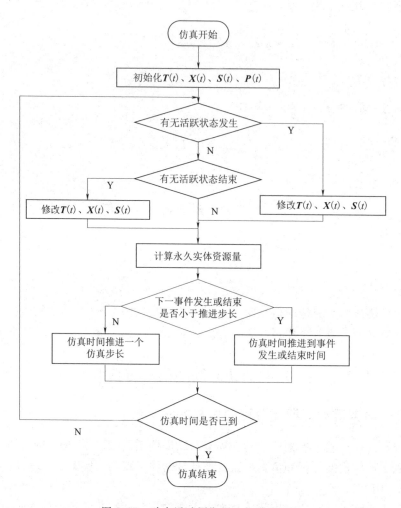

图 5.17　动态活动周期图法仿真流程图

5.6.2　电机状态持续时间的产生

在工程实际中，不论是相同工况还是不同工况，不同时刻同一状态的持续时间并不相等。对多起重设备共直流母线系统，起重电机在每个状态的持续时间，取决于所拖动的货物、拖动距离、存放的位置、操作人员的熟练程度；考察工程实际运行情况，在某一工况某个环境下，电机在每个状态的运行时间，只在一定范围内符合指数分布规律。因此为使仿真更接近真实工况，电机系统在某一状态的持续时间服从分布密度函数：

$$p(T_{ji}) = \frac{1}{\sqrt{2\pi}\sigma} e^{-\frac{(T_{ji}-\mu)^2}{2\sigma^2}} \qquad (5.77)$$

式中　μ——T_{ji} 的平均值；

　　　σ——T_{ji} 的均方差。

5.7　本章小结

本章主要做了以下工作。

（1）通过引入连续变量和局域时钟，将用于离散事件建模的活动周期图法进行拓展，提出了一种能够适用于混杂系统建模的动态活动周期图建模方法。

（2）运用提出的动态活动周期图建模方法，建立了多电机子系统的动态活动周期图模型。

（3）根据对多电机共直流母线系统运行过程的分析，对电机分布均匀度进行定义，提出了一种基于均匀分布理论的多电机协调调度算法。

（4）提出了一种步长推进加事件调度的动态活动周期图仿真方法。

至此已经建立多电机共直流母线系统广义模型中所有子系统的模型，进而得到了系统整体模型，为第 6 章系统的实验和仿真做好准备。

第6章 多电机共直流母线实验系统与实验仿真研究

实验系统是开展实验研究的基础，本章设计并搭建用于多电机共直流母线系统的实验平台，在实验平台的基础上开展多电机共直流母线系统的实验研究。最后以起重设备为例，对多起重机共直流母线系统进行仿真，研究系统性能，验证能量管理策略与多电机协调调度算法的有效性。

6.1 多电机共直流母线实验系统设计

随着电力电子技术的发展、交流调速技术的日趋成熟，多电机共直流母线系统越来越广泛地应用于工业生产和人们生活的各行各业，开展多电机共直流母线实验系统研究，建立系统实验平台，并在实验平台的基础上，开展实验研究具有非常重要的意义。

由第2章系统广义模型可知，一个多电机共直流母线系统在硬件上一般由整流子系统、多电机子系统、储能子系统等几部分组成。那么它的实验系统除了这几部分以外还应有量测子系统和负载模拟子系统两部分，因此多电机共直流母线实验系统用到的设备较多，系统较为复杂，以至于建立该系统的实验系统比较困难。西门子公司开发的 SINAMICS S120 伺服控制驱动系统采用共直流母线技术，把整流单元、多个逆变器连接在一起，不但能够通过控制单元，完成一般工艺要求的伺服控制，而且还能够通过 Starter 软件对设备参数进行量测、调试，包括对各单元设备电压、电流、功率等上千个参数的量测和设置。本书以此设备为基础建立多电机共直流母线实验系统。

6.1.1 S120 技术要点

SINAMICS S120 伺服控制驱动系统由德国纽伦堡总部统一开发，并率先于德国纽伦堡的工厂生产。2010年1月，西门子工业业务领域驱动技术集团正式宣布 SINAMICS S120 系统投放中国市场，并开始在位于天津的西门子电气传动有限公司生产。

SINAMICS S120 采用全新设计理念、模块化设计思路，是一款功能强大、性能优良、结构紧凑、维护友好的新一代通用驱动控制系统。它内部集成的安全控制功能无需额外硬件，大大降低了安装和接线成本；简化了人机界面设计，提高了安全控制系统的实用性；并支持最新的 PROFIBUS DP - TIA 现场总线，拥有更高性能开放式 IT 通信和框架协议；配有灵活简单的工程调试工具"SIZER"和"STARTER"。S120 具有以下特点。

（1）共用直流母线。SINAMICS S120 采用共直流母线式的能量供给方式，能够实现直流母线电压的控制和电机再生能量的回馈和利用，使直流母线电压不受电网和电机功率的干扰而保持稳定。

（2）友好的量测和调试系统。西门子提供的"STARTER"调试软件，具有图形化的参数界面，不仅能够实现系统设备的调试，而且还能够实现各设备电压、电流、功率、转矩、转速的量测和监控。

（3）SINAMICS S120 是集 U/f、矢量和伺服控制于一体的驱动系统，多轴资源共享的理念和模块化的设计使得它能实现高效而又复杂的运动控制，其性能远远超过同类系统。

（4）硬件的自动识别。各驱动组件之间通过高速通信接口 DRIVE - CLiQ 连接，主控单元 CU320 能自动识别各组件，从而免去了诸如电动机、编码器等参数的繁琐设定，使调试更加简便快捷。

（5）数据的快速交换。各组件借助 DRIVE - CLiQ 通信，实现组件间的快速数据交换，任一组件都可以很方便地获取其他组件的数据。控制器通过该通信实现对任一台设备监测和控制。

6.1.2 实验系统设计

以西门子公司的 SINAMICS S120 为基础，设计多电机共直流母线实验系统。该实验系统主要由一个调节型电源模块、两个单轴电机模块、一个 24V 电源模块、两个控制单元模块、两个端子模块、一个制动单元模块、计算机接口卡，计算机以及电源滤波器等组成。实验系统的配置示意图如图 6.1 所示，结构原理如图 6.2 所示，系统实物如图 6.3 所示。

控制单元模块（CU320）：是整个实验系统的控制部分，完成对各个电机模块的调速控制，对整流器模块的稳压及回馈控制，同时通过 Profi - Bus 总线，与调试计算机接口，接受计算机指令，传送各模块状态参数给计算机。

电源模块：是系统的交流、直流转换模块。系统选用直流母线电压可控整流模块 ALM，不但能够实现直流母线电压的稳定，而且还能实现电机再生能量的回馈。

电机模块：也称功率模块或逆变器模块，系统配置两个单轴模块（每个模块只能控制一台电机），作为电机的供电电源，执行控制单元的指令，实现对电机的调速、启动、停止控制。

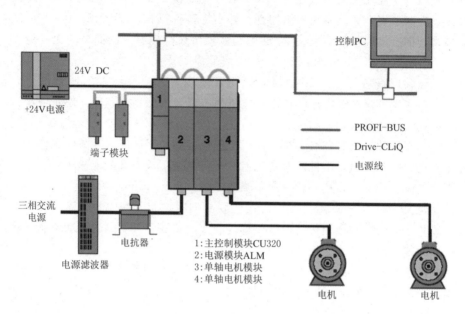

图 6.1　多电机共直流母线实验系统配置示意图

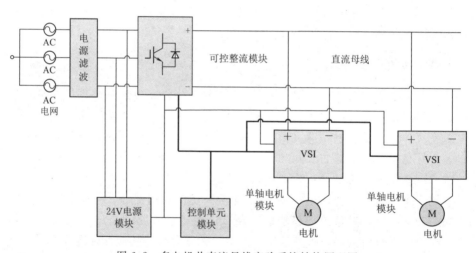

图 6.2　多电机共直流母线实验系统结构原理图

直流 24V 电源模块：用于系统控制部分的供电。

端子模块：主要用于外部的扩展。

控制计算机：系统配置一台控制计算机，安装 Starter 软件，实现对系统的组态配置，参数设置，模块状态以及各种参数、波形的测试等。

图 6.3　多电机共直流母线实验系统实物图

6.1.3　负载模拟设计

　　模拟电机在各种工况下的负载是本实验系统的难点。一般是通过增加被拖对象的转动惯量如飞轮来实现。系统没有配置飞轮，在实验中采用动态模拟的方法，用交流电机与直流电机对拖的形式，这样既减小了体积，又具有随意设定负载转矩的优点。电机负载模拟装置示意图如图 6.4 所示[144]。图 6.4 中，左半边是交流电机，代表拖动机；右半边是直流电机，代表模拟负载。电机耗能时由交流电机拖动直流电机，电机制动时由直流电机拖动交流电机。

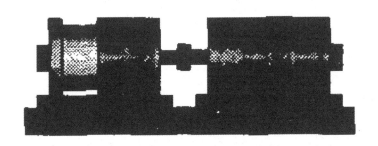

图 6.4　电机负载模拟装置示意图

负载模拟的功能就是要输出与实际负载特性相吻合的负载特性。由于实际电机拖动的负载工况不同，负载设备也不相同，很可能是一个多轴连接的旋转系统，特别是起重机等负载还带有水平方向上的平移运动等。因此对于复杂系统负载的模拟，通常将负载特性全部等效到电机轴上进行动力学分析。电机轴上单轴旋转系统的运动方程为

$$T_e = J_{eq} \frac{d\omega}{dt} + T_L \tag{6.1}$$

式中　T_e——拖动电机的电磁转矩；

　　　J_{eq}——整个负载折算到电机轴上的等效转动惯量；

　　　ω——电机轴的旋转角速度；

　　　T_L——整个负载折算到电机轴上的等效阻力矩。

　　模拟试验平台的拖动电机轴上的运动方程为

$$T_e = J_0 \frac{d\omega}{dt} + T'_L \tag{6.2}$$

式中　J_0——负载电机的转动惯量；

　　　T'_L——负载电机为模拟实际负载特性产生的转矩。

　　根据式（6.1）和式（6.2），可求得 T'_L：

$$T'_L = (J_{eq} - J_0) \frac{d\omega}{dt} + T_L \tag{6.3}$$

　　根据直流电动机转矩公式

$$T = \frac{pN}{2a\pi} \Phi I_a \tag{6.4}$$

式中　p——极对数；

　　　N——电枢总导体数；

　　　a——支路对数；

　　　I_a——电枢总电流；

　　　Φ——每极磁通。

　　在实验系统中采用固定励磁电流，即保持额定磁通不变，这样，式（6.4）可简化为

$$T = K_T I_a \tag{6.5}$$

式中　K_T——包括磁通的直流电动机转矩系数。

　　式（6.5）代入式（6.3）即可得到直流电机模拟实际负载特性需要的电

流 I_a：

$$I_a = \frac{1}{K_T} \left[(J_{eq} - J_0) \frac{d\omega}{dt} + T_L \right] \tag{6.6}$$

通过式（6.6）就可以得到为了模拟实际负载特性，直流电机需要给定的电流曲线。

图 6.5 给出了电机负载模拟的实物照片，图 6.6 给出了电机负载模拟装置的接线图。

图 6.5　电机负载模拟装置实物图

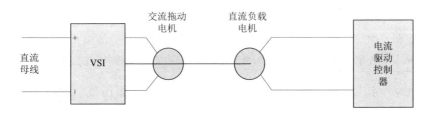

图 6.6　电机负载模拟装置接线图

6.2　实验研究

6.2.1　实验系统的实验研究

6.2.1.1　电机系统耗能时

电机系统耗能时，即交流电机拖动直流电机，交流电机处于耗能状态，直流电机为其充当拖动负载，此时直流电机处于发电状态，通过电流驱动控制器，使直流电机输出不同的电流，为交流电机提供不同负载转矩。直流电机和交流电机实测数据见表 6.1，交流电机转矩、功率、电流实测波形如图 6.7 所示（仅给出两 $I_a=5.7A$ 和 $I_a=7A$ 两组）。

表 6.1　　　　　　　电动耗能时实测电机数据

组号	直 流 电 机					交 流 电 机			系统传动效率/%
	电流/A	电压/V	转速/(r/min)	功率/kW	K_T	功率/kW	转矩/(N·m)	电流/A	
1	8.5	110	1365	1.07	0.88	1.3	9.2	2.56	71.92
2	8	111.1	1368	1.00	0.88	1.25	8.6	2.43	71.10
3	7.6	111.7	1370	0.95	0.87	1.21	8.2	2.37	70.16
4	7	112.5	1371	0.88	0.87	1.15	8	2.31	68.48
5	6.7	113.4	1373	0.84	0.87	1.15	7.6	2.21	66.07
6	6.2	114.3	1375	0.78	0.87	1.08	7.3	2.1	65.62
7	5.7	115.4	1377	0.72	0.87	1.02	7.1	2	64.49
8	4.6	117.5	1380	0.58	0.87	0.9	6.3	1.8	60.06
9	3.5	120	1385	0.44	0.87	0.7	4.9	1.5	60.00
10	2.4	122.3	1390	0.30	0.87	0.55	3.8	1.2	53.37

表 6.1 中的电流、电压、转速及交流电机的功率、交流电机的转矩均为实测数据，直流电机的功率由式 $P_d=I_aU_d+2I_a^2r$（小功率电机，铜损和铁损可近似相等）求出，K_T 由式 $K_T=\dfrac{60(U_d+2I_ar)}{2\pi n}$ 求出，系统传动效率由式 $\eta_e=\dfrac{I_aU_d}{P_{AC}}$ 求得。

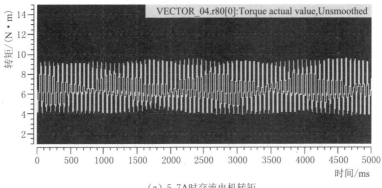

（a）5.7A时交流电机转矩

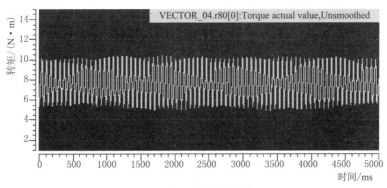

（b）7A交流电机转矩

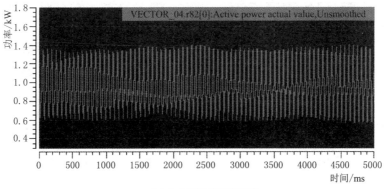

（c）5.7A时交流电机功率

图 6.7（一） 电动耗能时交流电机实测波形

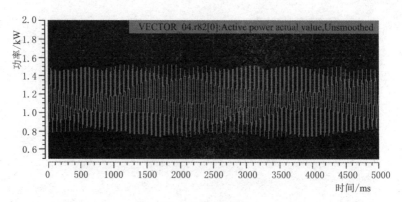

（d）7A交流电机功率

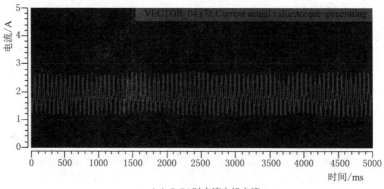

（e）5.7A时交流电机电流

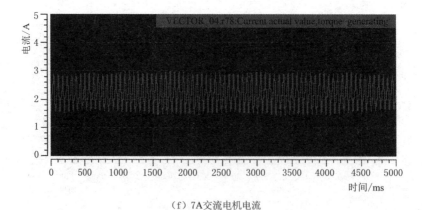

（f）7A交流电机电流

图 6.7（二）　电动耗能时交流电机实测波形

从实测数据可以看出，包括磁通的直流电动机转矩系数 K_T 在误差范围内是一个常数，随着负载的增大，直流电机输出电流增大，直流负载电机阻力转矩增大，交流拖动电机转矩增大，耗电功率增大。在电机系统耗能状态下，验证了式（6.6）给出通过调整直流电机的电枢电流 I_a 模拟负载的可行性。同时从表 6.1 中也可以看出随着电流的减小，系统的效率越来越低。

6.2.1.2　电机系统制动时

　　交流拖动电机制动回馈时，即直流电机拖动交流电机，直流电机电动，拖动交流电机处于制动回馈状态。此时直流电机处于电动状态，通过电流驱动控制器，给直流电机提供不同的电流，为交流电机提供不同的拖动转矩。直流电机和交流电机实测数据见表 6.2，交流电机转速、转矩、功率、电流实测波形如图 6.8 所示（仅给出两 I_a＝4.0A 和 I_a＝8.2A 两组）。

表 6.2　　　　　　　　　　　电机制动时实测电机数据

组号	直　流　电　机					交流电机			系统回馈效率/%
	电流/A	电压/V	转速/(r/min)	功率/kW	K_T	功率/kW	转矩/(N·m)	电流/A	
1	2.8	124.3	1305	0.34	0.89	0.2	1	0.3	57.46
2	3.5	124.4	1306	0.42	0.89	0.25	1.5	0.5	57.42
3	4.1	124.7	1307	0.49	0.89	0.3	2	0.6	58.68
4	4.8	125.1	1310	0.57	0.88	0.36	2.5	0.8	59.95
5	5.4	125.7	1312	0.64	0.88	0.42	3	0.95	61.88
6	6.5	126	1314	0.76	0.88	0.52	3.7	1.12	63.49
7	7	126.2	1315	0.81	0.88	0.56	4.2	1.2	63.39
8	7.7	126.5	1316	0.89	0.87	0.64	4.6	1.3	65.71
9	8.2	126.7	1317	0.94	0.87	0.7	5	1.4	67.38
10	9.05	127.3	1320	1.03	0.87	0.76	5.5	1.54	65.97
11	9.5	127.1	1321	1.07	0.86	0.80	5.80	1.60	66.26
12	8.7	126.6	1319	0.99	0.87	0.75	5.40	1.58	68.09

　　表 6.2 中的电流、电压、转速及交流电机的功率、交流电机的转矩均为实测数据，直流电机的功率由式 $P_d＝I_aU_d－2I_a^2r$（小功率电机，铜损和铁损可

近似相等）求出，直流电机转矩由式 $T_{dc}=\dfrac{60P_d}{2\pi n}$ 求出，K_T 由式 $K_T=\dfrac{60(U_d-2I_a r)}{2\pi n}$ 求出，系统的总回馈效率由式 $\eta_b=\dfrac{P_{AC}}{I_a U_d}$ 求得。

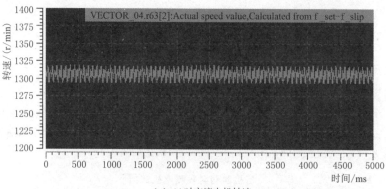

（a）4A时交流电机转速

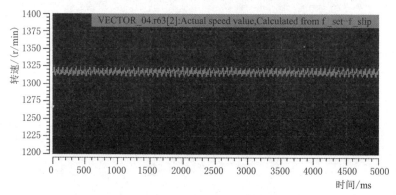

（b）8.2A时交流电机转速

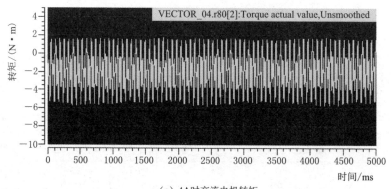

（c）4A时交流电机转矩

图 6.8（一）　电动制动时交流电机实测波形

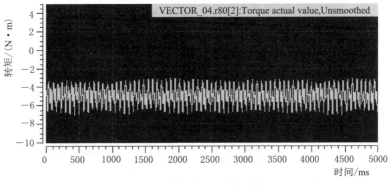

（d）8.2A时交流电机转矩

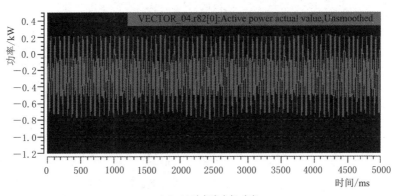

（e）4A时交流电机功率

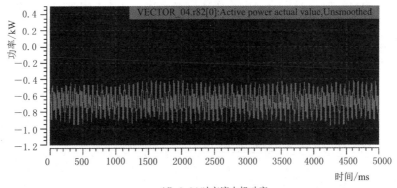

（f）8.2A时交流电机功率

图 6.8（二）　电动制动时交流电机实测波形

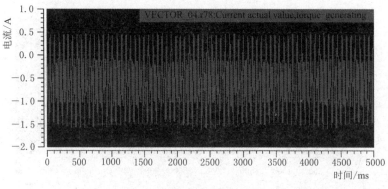

（g）4A时交流电机电流

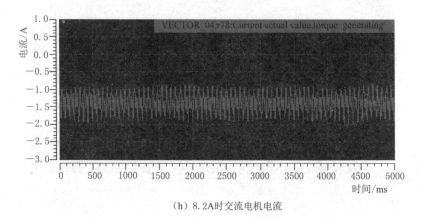

（h）8.2A时交流电机电流

图 6.8（三）　电动制动时交流电机实测波形

　　从实测数据可以看出，在电机系统制动发电状态下，包括磁通的直流电动机转矩系数 K_T 在误差范围内也是一个常数，而且与在电动状态下测得的值在误差范围内相等。验证了式（6.5）的正确性。随着直流电机驱动电流的增大，直流负载电机拖动转矩增大，交流拖动电机阻力增大，回馈功率增加，验证了在制动回馈状态下式（6.6）给出通过调整直流电机的电枢电流 I_a 模拟负载的可行性。与电动状态时相同，也必须考虑制动效率随制动功率的变化。

6.2.2　多电机系统实验与仿真

6.2.2.1　单台电机工况

　　共直流母线系统中只有一台电机时，取直流电机驱动电流为 6A，电机在各个状态的持续时间为 $\boldsymbol{\mu}=\begin{bmatrix}5 & 5 & 5 & 5\end{bmatrix}$，电机的功率以及直流母线的电压、

电流、功率波形如图 6.9 所示。其中，图 6.9（a）为电机功率波形，图 6.9
（b）为直流母线电压波形，图 6.9（c）为直流母线电流波形，图 6.9（d）为
直流母线功率波形。

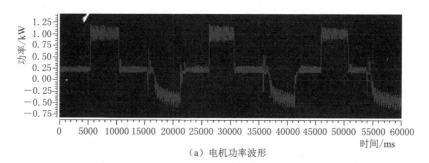

（a）电机功率波形

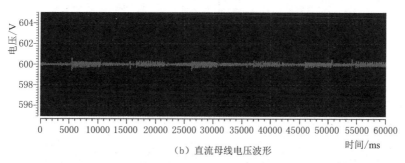

（b）直流母线电压波形

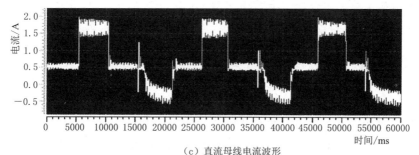

（c）直流母线电流波形

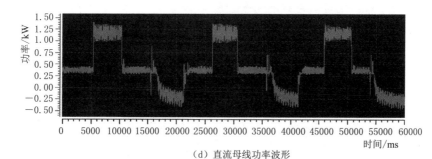

（d）直流母线功率波形

图 6.9 单台电机直流母线功率电压电流波形

从图 6.9 可以看出，在电机功率为正，即电机吸收直流母线功率时，直流母线功率为正，电流也为正，系统处于耗能状态。在电机功率为负时，直流母线电流为负，直流母线功率也为负，系统处于制动发电状态。由图 6.9（d）可知电机的空载功率约为 0.24kW，也可测得系统整流单元空载时的功率为 0.15kW。若不考虑整流单元和电机的空载功率，在单台电机的系统中，电机的功率和电流与系统直流母线的功率和电流完全相同。

按照相同的参数设置仿真模型，可得单台电机时直流母线功率的仿真波形，如图 6.10 所示。

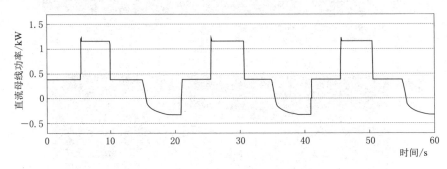

图 6.10　单台电机直流母线功率仿真波形

对比图 6.9（d）和图 6.10，可看出仿真波形与实测波形相同，验证了模型在单电机工况下的合理性。

6.2.2.2　两台电机工况

直流母线系统中有两台电机，其中一台为空载即没有负载模拟装置，另一台有与该电机同轴的直流电机负载模拟装置。设直流电机驱动电流为 6A，电机在各个状态的持续时间均为 $\boldsymbol{\mu}=\begin{bmatrix}10 & 10 & 10 & 10\end{bmatrix}$，两台电机的功率波形以及直流母线的功率、电压波形如图 6.11 所示，图 6.11（a）为直流母线的电压波形，图 6.11（b）为电机 I 的功率波形，图 6.11（c）为电机 II 的功率波形，图 6.11（d）为直流母线的功率波形。

从图 6.11 中可以得出以下结论。

（1）在 a 段，电机 I 处在待耗状态，电机 II 处在待馈状态，均为闲状态，不占用直流母线资源量，直流母线资源量（功率）仅为整流单元和电机系统 II 的本体耗能功率，约为 0.39kW。

（2）在 b 段，电机 I 仍处在待耗状态，电机 II 由待馈状态激发为馈能状态，由闲状态激发为活跃状态，占用直流母线资源，直流母线功率为整流单元的本体功率以及电机系统 II 的馈能功率，约为 −0.35kW。

（3）在 c 段，电机 I 由待耗状态激发为耗能状态，占用直流母线资源量，

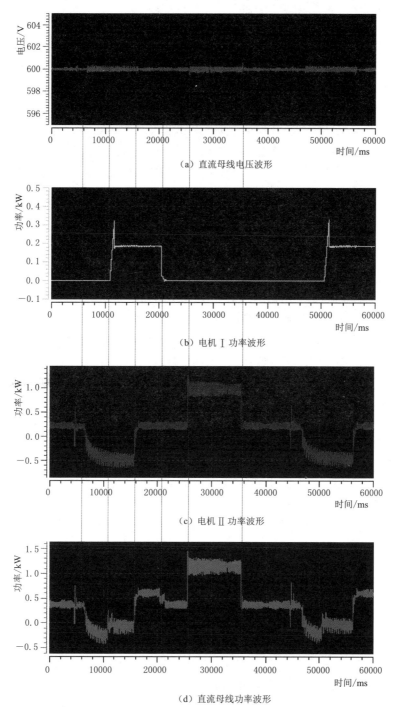

（a）直流母线电压波形

（b）电机Ⅰ功率波形

（c）电机Ⅱ功率波形

（d）直流母线功率波形

图 6.11　两台电机共直流母线电压和功率波形

此时电机Ⅱ制动再生的电能被电机Ⅰ吸收，节约了电能。但由于电机Ⅰ耗能功率较小，不能完全吸收电机Ⅱ再生的电能，直流功率回馈功率由－0.35kW 减小到－0.16kW。

在 d 段，电机Ⅰ仍处在耗能状态，电机Ⅱ由馈能状态转变为待耗状态，不再占用直流母线资源量，直流母线资源量为整流单元和电机Ⅱ的本体功率以及电机Ⅰ的耗能功率，约为 0.58kW。

在 e 段，电机Ⅰ处在待耗状态，电机Ⅱ也处在待馈状态，都不占用直流母线资源量，直流母线资源量为整流单元和电机Ⅱ的本体功率，约为 0.39kW。

在 f 段，电机Ⅱ由待耗状态激发为耗能状态，为活跃状态，占用直流母线资源量，消耗直流母线功率，直流母线的资源量为整流单元的本体功率和电机Ⅱ的耗能功率，约为 1.15kW。考虑到电机Ⅰ的耗能功率，直流母线功率在－0.35～1.4kW 之间波动。

从图 6.11（a）可以看到，不论回馈状态还是耗能状态直流母线电压波动都很小，这是因为系统采用的是可调节型电源模块，电机制动再生能量被回馈交流电网，稳压特性较强。

观察图 6.11（b）我们还可以注意到，电机Ⅰ由待耗状态激发为耗能状态或由耗能状态转变为待馈状态时，均表现出部分惯性负载的特性，但其惯性能量与其自身耗电量相比较为明显，而与电机Ⅱ的耗电量相比较小，因此在直流母线功率的波形图中虽有显现，但不是很明显。

按照实验时参数设置仿真模型，可得到直流母线功率仿真波形如图 6.12 所示。

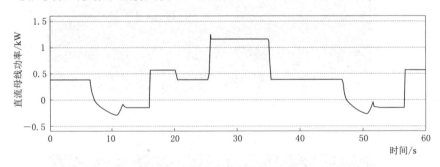

图 6.12　直流母线功率仿真波形

对比图 6.11（d）和图 6.12，可看出仿真波形与实测波形基本相同，实验测得系统实际耗能 24.3×10^3J，回馈电能 3.1×10^3J，节能约电能 1.7×10^3J，与仿真数据一致，验证了模型在两台电机工况下的合理性。由此可以类推，所建模型在多台电机系统工况下的合理性。

6.2.3　多电机协调调度实验研究

对 6.3.3 节两台电机系统进行协调调度，协调调度后直流母线的功率、电流波形及电机功率波形如图 6.13 所示。

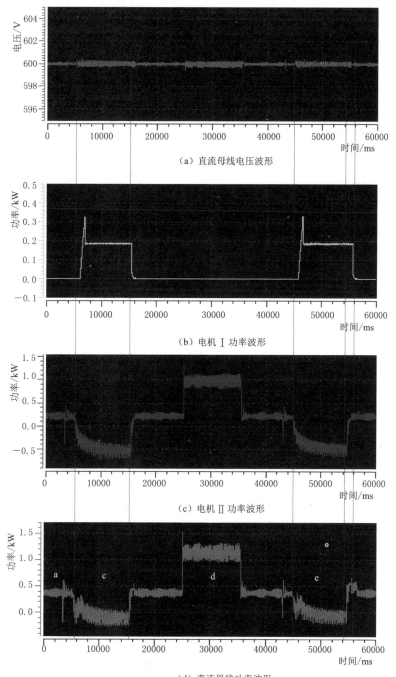

（a）直流母线电压波形

（b）电机Ⅰ功率波形

（c）电机Ⅱ功率波形

（d）直流母线功率波形

图 6.13 协调调度直流母线功率波形

从图 6.13 可以看出，在 a 时间段，两台电机都处在闲状态，直流母线资源量（功率）为整流单元和电机 II 的空载功率，仍为 0.39kW。在 c 和 e 时间段，通过协调调度，电机 I 由待耗状态激发为耗能状态时，而电机 II 由待馈状态激发为馈能状态，电机 I 0.18kW 的耗能功率完全由电机 II 回馈的电能提供，减小了电机 I 从电网吸收电能，实现了系统节能。但是由于电机 I 没有配直流电机负载模拟装置，耗能功率较小，不能完全吸电机 II 回馈的电能，系统仍有 0.15kW 电能的回馈电网。因此通过电机状态的协调调度，使系统直流母线功率波动由 -0.35~1.4kW 减小到 -0.15~1.15kW，并充分吸收和利用了再生电能。

协调调度后直流母线功率仿真波形如图 6.14 所示，与图 6.13（c）一致。实验测得系统实际耗能 22.9×10^3J，实际馈能 1.6×10^3J，节约电能 3.2×10^3J，与没有协调调度时相比，多节约电能 1.5×10^3J。验证了协调调度的可行性与协调调度算法的有效性。

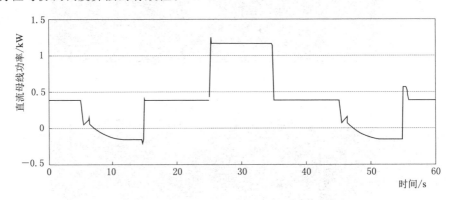

图 6.14　协调调度后直流母线功率仿真波形

同时也可以看出，由于每个电机在各个状态的持续时间不相等，在 f 时间段，电机 II 已从馈能状态转变化为待耗状态，而电机 I 仍处在耗能状态，此时电机 I 消耗的电能由电网提供，显示了协调调度的有限性。因此多电机协调调度只能用在电机数目较多的共直流母线系统中，电机数目越多，协调调度的性能和效果越好。

6.3　多电机共直流母线系统仿真分析

前面实验验证了模型的合理性及调度方法的可行性，本节通过对模型仿真，研究多电机共直流母线系统的性能，验证能量管理与多电机协调调度算法的有效性。在工程实际中，电机的数目、电机状态持续的时间差别较大，本书以起重机为例进行仿真研究。

6.3.1 多电机共直流母线系统仿真模型与仿真参数

6.3.1.1 仿真模型

图 6.15 为多电机协调调度的储能结构的多电机共直流母线系统仿真模型示意图。仿真研究系统直流母线功率时，只对多电机子系统的动态活动周期模型仿真即可。仿真研究直流母线电压时，采图 6.15 所示仿真模型。若仿真研究电阻耗能系统的直流母线电压，可将储能系统及能量管理模型换成耗能电阻及控制单元开关模型即可。该仿真模型与第 2 章提出的系统广义模型完全对应。运用 Matlab 仿真软件，编写仿真程序，对系统进行仿真研究。

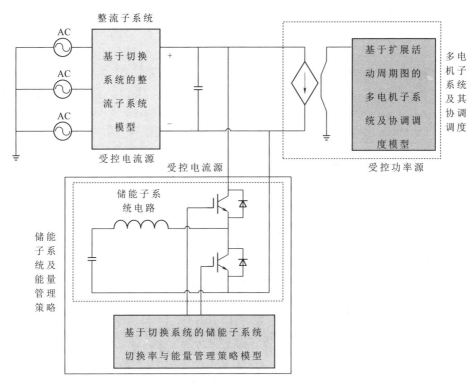

图 6.15 多电机协调调度的储能结构仿真模型

6.3.1.2 仿真参数

仿真中，根据第 5.5 节已介绍的临时实体状态持续时间的产生办法，电机在各状态持续时间按 $\boldsymbol{\mu} = \begin{bmatrix} 4 & 2 & 3 & 2 \end{bmatrix}$、$\boldsymbol{\delta} = \mathrm{diag}\{0.8，0.5，0.8，0.5\}$ 取

值。由第 2 章的分析，储能单元和整流单元的效率取 $\eta_r = \eta_s = 97\%$。根据第 5 章起重机系统的能流分析，取起重机机械传动效率为 89%，起重电机耗能时效率为 89%，制动时效率为 79%，作业过程的等效效率为 89%。重物质量取均值为 $1 \times 10^4 \, \text{kg}$，方差为 5×10^3 的正态分布，提升高度 12m。

6.3.2 多电机系统直流母线功率仿真分析

6.3.2.1 多电机系统直流母线功率波形仿真分析

考虑到起重电机（后称电机）数目对系统的影响，分别对 6 台和 20 台电机共直流母线起重机系统进行仿真研究。在多电机子系统动态活动周期图模型中，未加入调度算法时，6 台和 20 台电机系统直流母线功率仿真波形如图 6.16、图 6.17 所示。

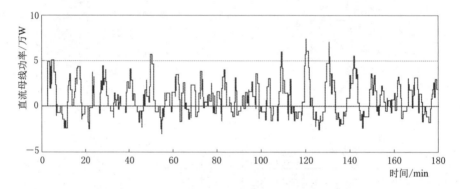

图 6.16 未协调调度时 6 台电机直流母线功率仿真波形

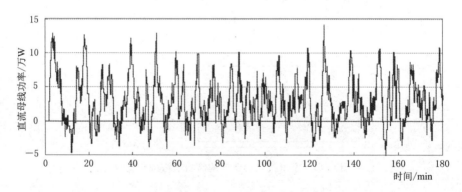

图 6.17 未协调调度时 20 台电机直流母线功率仿真波形

从图 6.16、图 6.17 可以看出系统启动后，多电机系统以正态分布概率，在一个相对短的时间段内，多个电机系统由待耗状态执行耗能状态，消耗直流母线功率；而后在另一个相对短的时间段内，多台电机系统由待馈状态执行馈能状态，回馈能量到直流母线，直流母线功率扰动较大。直流母线功率波动较大时，而且有时为负，说明耗能状态电机不能完全吸收制动状态电机所再生的电能，若不采取有效措施，必然引起直流母线电压升高，造成设备损坏，导致系统无法正常运行。随着系统运行时间增长，电机状态的离散性增强，直流母线功率的波动幅值减小，直流母线电压的波动幅值也有所减小，但仍保持较大波动幅度。由于电机状态的随机性较强，直流母线功率变化的随机性也较强，有时直流母线功率的波动幅度还有所增大。

6.3.2.2 多电机系统直流母线功率仿真数据分析

6 台电机和 20 台电机系统仿真数据统计见表 6.3、表 6.4。由于电机状态的随机性，同一仿真参数仿真 5 次，然后取其平均值。

表 6.3　　　　　未协调调度时 6 台起重电机直流母线功率仿真数据

组别	工况	最大耗能功率/kW	系统耗能/MJ	最大电阻耗能（回馈或储能）功率/kW	电阻耗能（馈能或储能）/MJ	节约电能/MJ	节电效率	最大储能容量/kWh
1	未共直流母线	74.82	172.63	39.54	78.31	0.00	0.00	—
	电阻耗能	74.82	155.22	40.76	64.00	17.41	10.09	—
	储能或馈能	74.82	92.56	39.54	62.08	80.07	46.38	1.42
2	未共直流母线	73.83	173.17	44.16	77.82	0.00	0.00	—
	电阻耗能	73.83	141.76	45.53	41.90	31.41	18.14	—
	储能或馈能	73.83	92.83	44.16	40.64	80.34	46.39	1.55
3	未共直流母线	75.12	171.44	39.52	78.49	0.00	0.00	—
	电阻耗能	75.12	147.77	40.74	58.17	23.67	13.81	—
	储能或馈能	75.12	92.52	39.52	56.42	78.92	46.04	1.51
4	未共直流母线	77.76	173.83	36.60	77.30	0.00	0.00	—
	电阻耗能	77.76	138.80	37.74	29.72	35.03	20.15	—
	储能或馈能	77.76	92.74	36.60	28.83	81.09	46.65	1.49

续表

组别	工况	最大耗能功率/kW	系统耗能/MJ	最大电阻耗能（回馈或储能）功率/kW	电阻耗能（馈能或储能）/MJ	节约电能/MJ	节电效率	最大储能容量/kWh
5	未共直流母线	74.17	172.62	33.55	78.47	0.00	0.00	—
	电阻耗能	74.17	142.57	29.60	52.01	30.06	17.41	—
	储能或馈能	74.17	92.21	28.71	50.45	80.41	46.58	1.46
平均值	未共直流母线	75.14	172.74	38.67	78.08	0.00	0.00	—
	电阻耗能	75.14	145.22	38.87	49.16	27.52	15.92	0.00
	储能或馈能	75.14	92.57	37.71	47.69	80.17	46.41	1.49

表 6.4　　未协调调度时 20 台起重电机直流母线功率仿真数据

组别	工况	最大耗能功率/kW	系统耗能/MJ	最大电阻耗能（回馈或储能）功率/kW	电阻耗能（馈能或储能）/MJ	节约电能/MJ	节电效率	最大储能容量/kWh
1	未共直流母线	140.85	570.61	49.14	257.10	0.00	0.00	—
	电阻耗能	140.85	447.83	51.43	147.04	122.79	21.52	—
	储能或馈能	140.85	303.87	49.14	142.63	266.75	46.75	4.20
2	未共直流母线	179.14	587.05	71.39	261.82	0.00	0.00	—
	电阻耗能	179.14	465.26	73.60	152.87	121.80	20.75	—
	储能或馈能	179.14	315.59	71.39	148.28	271.46	46.24	4.86
3	未共直流母线	164.65	578.78	60.98	259.28	0.00	0.00	—
	电阻耗能	164.65	454.11	62.87	147.48	124.67	21.54	—
	储能或馈能	164.65	309.72	60.98	143.06	269.06	46.49	4.52
4	未共直流母线	177.60	590.62	77.69	262.31	0.00	0.00	—
	电阻耗能	177.60	480.38	80.09	164.48	110.24	18.66	—
	储能或馈能	177.60	319.35	77.69	159.54	271.27	45.93	4.86

组别	工况	最大耗能功率/kW	系统耗能/MJ	最大电阻耗能（回馈或储能）功率/kW	电阻耗能（馈能或储能）/MJ	节约电能/MJ	节电效率	最大储能容量/kWh
5	未共直流母线	147.64	572.78	59.07	258.27	0.00	0.00	—
	电阻耗能	147.64	449.07	60.90	147.36	123.71	21.60	—
	储能或馈能	147.64	304.79	59.07	142.94	267.98	46.79	4.67
平均值	未共直流母线	161.97	579.97	83.11	259.75	0.00	0.00	—
	电阻耗能	161.97	459.33	85.68	151.85	120.64	20.81	0.00
	储能或馈能	161.97	310.66	83.11	147.29	269.30	46.44	4.62

分析表 6.3、表 6.4 可以得出如下结论。

（1）采用共直流母线技术后，6 台电机系统和 20 台电机系统节能效率都有较大提高。电阻耗能系统与不共直流母线时相比，6 台电机系统时节能效率提高了 15.92%；20 台电机系统时节能效率提高了 20.81%。

（2）采用储能或馈能技术后，与不共直流母线时相比，6 台电机系统节能效率提高了 46.41%，20 台电机系统提高了 46.44%。与共直流母线电阻耗能系统相比，6 台电机系统节能效率提高了 30.49%，20 台电机系统提高了 25.63%。

（3）随着电机数目的增多，共直流母线系统的节能效果逐步提高。电阻耗能系统从 15.92% 提高到 20.81%，储能系统从 46.41% 提高到 46.44%。

6.3.3 加入储能系统与能量管理后多电机共直流系统仿真分析

在第 4 章通过模拟多电机功率，实验证了储能系统切换系统模型的合理性以及能量管理策略的有效性。基于多电机直流母线仿真功率，在没有加入储能系统及能量管理策略时，直流母线电压波形如图 6.18 所示。其中图 6.18（a）为取图 6.17 所示 90～110min 时多电机功率；图 6.18（b）为与多电机功率相对应的直流母线电压波形。

取同一多电机功率，加入储能系统及能量管理策略后，与多电机功率相对应的网侧供电功率、储能系统储能功率和直流母线电压，以及超级电容电压如图 6.19 所示。

对比图 6.18（b）和图 6.19（b）可以发现，加入储能系统与能量管理后，有效减小了直流母线电压波动。观察图 6.19（a），其中 Ⅰ 为多电机子系统实

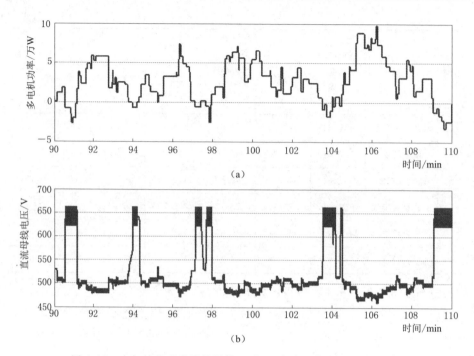

图 6.18　未加储能系统及能量管理时 20 台电机直流母线电压波形

际需求功率，Ⅱ为网侧供电功率，Ⅲ为储能系统储能或放电功率。可以看出多电机功率约在 0～57kW 之间时，由网侧单独供电，储能系统待机，超级电容电压保持不变；多电机功率大于 57kW 时，由网侧和储能系统同时给多电机供电，网侧供电约 57kW 功率，其余电能由储能系统提供，如图中 b 箭头所指；在多电机功率小于零时，表示多电机回馈电能，网侧供电功率为零，储能系统储能。此时如 a 箭头所指，储能系统功率与多电机功率完全重合，表示两者功率相等，储能系统全部吸收了电机制动时再生的电能，实现了电机制动再生电能的最大回收。验证了在多电机工况下储能系统切换系统模型的合理性及能量管理策略的有效性。

6.3.4　协调调度后多电机共直流母线系统的仿真分析

6.3.4.1　协调调度后直流母线功率波形仿真分析

　　与未协调调度时设置相同仿真参数，加入协调调度算法后，对 6 台和 20 台电机共直流母线系统进行仿真研究。6 台和 20 台电机直流母线功率与电机分布均匀度仿真波形如图 6.20、图 6.21 所示。其中图 6.20（a）为 6 台电机系统直流母线功率，图 6.20（b）为 6 台电机系统电机分布均匀度，图 6.21

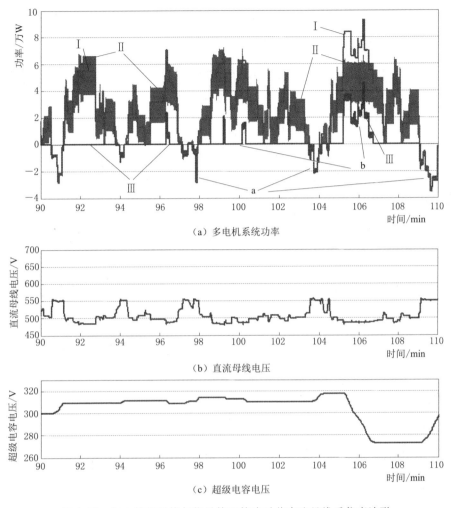

图 6.19 加入储能系统与能量管理策略后共直流母线系仿真波形

（a）为 20 台电机系统直流母线功率，图 6.21（b）为 20 台电机系统电机分布均匀度。

从图 6.20 和图 6.21 可以看出，系统刚启动时，由于电机活跃状态发生较集中（集中电动耗能或集中制动回馈），电机在各个状态的分布极不均匀，电机分布均匀度较大，6 台电机系统和 20 台电机系统分别达到 160 和 310；直流母线功率的波动也较大，分别在 -2 万～6.5 万 W 和 -1.5 万～11 万 W 之间。随着运行时间增长，电机分布均匀度逐渐减小，约收敛在 0.5～4 之间；直流母线功率波动也逐渐减小，约在 -1 万～2.5 万 W 和 -1 万～6 万 W 之间。功率基本为正，说明耗能状态电机最大限度吸收了制动状态电机再生的电能，节

137

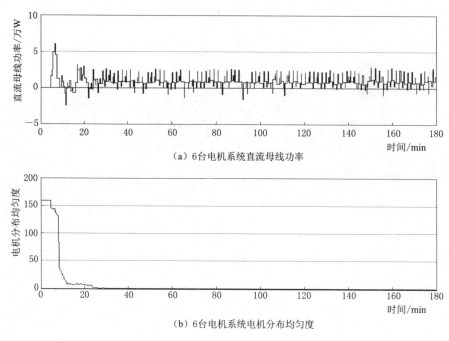

（a）6台电机系统直流母线功率

（b）6台电机系统电机分布均匀度

图 6.20　6 台电机系统直流母线功率和分布均匀度

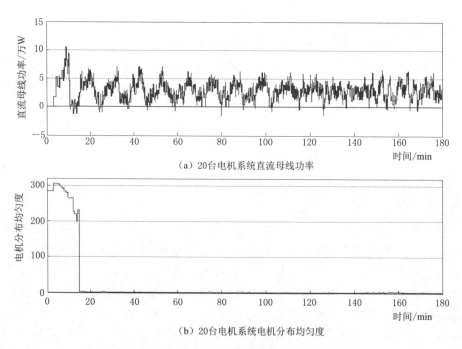

（a）20台电机系统直流母线功率

（b）20台电机系统电机分布均匀度

图 6.21　20 台电机系统直流母线功率和分布均匀度

能效果较好。与没有加入协调调度算法时相比，从图 6.16 和图 6.20、图 6.17 和图 6.21 可以看出，协调调度后系统直流母线功率波动幅度下降了约 3 倍，验证了协调调度算法的有效性。

6.3.4.2 协调调度后直流母线功率仿真数据分析

6 台电机和 20 台电机系统仿真数据见表 6.5 和表 6.6。仍然采用同一仿真参数仿真 5 次，然后取其平均值。

表 6.5　协调调度后 6 台起重机系统直流母线功率仿真数据

组别	工况	最大耗能功率/kW	系统耗能/MJ	最大电阻耗能（回馈或储能）功率/kW	电阻耗能（馈能或储能）/MJ	节约电能/MJ	节电效率	最大储能容量/kWh
1	电阻耗能	44.53	92.67	15.80	3.45	79.03	46.03	—
	储能系统	44.53	89.32	15.33	3.35	82.37	47.98	0.10
2	电阻耗能	38.73	91.95	16.61	3.40	78.34	46.00	—
	储能系统	38.73	88.64	16.11	3.30	81.64	47.94	0.15
3	电阻耗能	27.56	93.38	16.91	3.02	80.56	46.31	—
	储能系统	27.56	90.45	16.40	2.93	83.49	48.00	0.23
4	电阻耗能	54.78	92.12	20.74	4.45	76.39	45.34	—
	储能系统	54.78	87.80	20.12	4.32	80.71	47.90	0.31
5	电阻耗能	28.62	90.58	17.04	2.83	78.53	46.44	—
	储能系统	28.62	87.84	16.53	2.74	81.27	48.06	0.13
平均值	电阻耗能	38.04	92.14	17.42	3.43	78.57	46.02	—
	储能系统	38.04	88.81	16.90	3.33	81.90	47.97	0.19

比较表 6.3 和表 6.5、表 6.4 和表 6.6，加入协调调度算法后与没有加协调调度算法时相比可以得出以下结论。

（1）从节能效率来看，不论是 6 台电机系统还是 20 台电机系统，协调调度后系统的节能效率都有所提高。对储能或馈能结构系统，6 台电机系统节能效率从 46.41% 提高到 47.97%；20 台电机系统节能效率从 46.44% 提高到 48.21%。对于电阻耗能系统节能效率提高更多，6 台电机系统节能效率从 15.92% 提高到 46.02%，20 台电机系统节能效率从 20.81% 提高到 48.01%。

表 6.6　　　　　协调调度后 20 台起重机系统直流母线功率仿真数据

组别	工况	最大耗能功率/kW	系统耗能/MJ	最大电阻耗能（回馈或储能）功率/kW	电阻耗能（馈能或储能）/MJ	节约电能/MJ	节电效率	最大储能容量/kWh
1	电阻耗能	84.90	290.05	11.93	0.82	268.73	48.09	—
	储能系统	84.90	289.25	11.57	0.80	269.53	48.23	0.09
2	电阻耗能	81.37	297.61	16.07	2.06	272.87	47.83	—
	储能系统	81.37	295.61	15.59	1.99	274.87	48.18	0.14
3	电阻耗能	78.16	287.88	12.05	0.51	266.79	48.10	—
	储能系统	78.16	287.38	11.69	0.50	267.29	48.19	0.04
4	电阻耗能	72.33	287.90	12.62	1.13	266.53	48.07	—
	储能系统	72.33	286.80	12.24	1.10	267.63	48.27	0.08
5	电阻耗能	90.69	291.55	15.50	1.35	268.71	47.96	—
	储能系统	90.69	290.24	15.04	1.31	270.02	48.20	—
平均值	电阻耗能	81.49	291.00	13.64	1.18	268.73	48.01	—
	储能系统	81.49	289.86	13.23	1.14	269.87	48.21	0.09

验证了协调调度算法的有效性。储能或馈能系统节能效率提高不多的原因是因为储能或馈能系统本身已经较为节能，通过协调调度节约的仅仅是储能系统或馈能系统自身的损耗，而这类设备的效率一般都较高。

（2）从一次性连续最大馈能或储能量来看（所谓一次连续最大馈能或储能量是指系统运行时所需储能系统最大储能容量），6 台电机系统从 1.49kWh 降到 0.19kWh；20 电机系统从 4.62kWh 降到 0.09kWh。这一点很重要，为了节约能源，多电机共直流储能结构系统在工业农业生产和人们生活应用越来越广泛，储能容量选择较小时，不能满足系统最大储能要求；储能容量选择较大时，设备成本较高而且闲置率也较高，存在浪费现象。通过协调调度能有效减小系统对储能容量的需求，降低系统成本。同时也可以看出高性能的协调调度算法，使电阻耗能系统接近馈能或储能系统的节能效果。

（3）从直流母线功率来看，不论是最大功率还是功率波动幅度都有所降低。功率的波动幅度从仿真波形中可以看出，降低了约 3 倍。对于系统最大耗能功率，6 台电机系统从 75.14kW 降到 38.04kW；20 电机系统从 161.97kW

降到 81.49kW。对于系统最大回馈功率，分别从 49.16kW 降到 17.42kW 和从 83.11kW 降到 13.64kW。

以上仿真验证了协调调度算法的有效性，可以看出通过协调调度不但可以使系统中耗能状态电机最大限度吸收制动状态电机再生的电能，实现系统最大限度节能，而且还可以减小直流母线功率波动，减小直流母线电压波动，进而有效减小系统对储能结构系统储能容量的需求，降低系统成本，提高系统性能。

但在系统刚启动时，协调调度后有时还有较大回馈功率，并需求一定的储能容量，这是因为多台电机集中耗能或集中制动造成的。在工况允许的场合，该现象可采用顺序启动加协调调度的方式来解决，即多台起重机按一定的时间间隔逐步启动。其直流母线功率仿真波形如图 6.22 所示，其仿真数据统计见表 6.7。

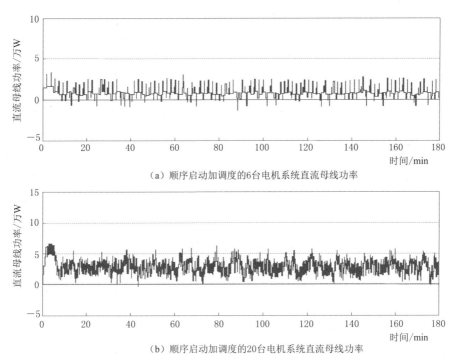

（a）顺序启动加调度的6台电机系统直流母线功率

（b）顺序启动加调度的20台电机系统直流母线功率

图 6.22 顺序启动加协调调度的直流母线功率仿真波形

从图 6.22 可以看出，采用顺序启动加协调调度后的直流母线系统，既实现了最大限度的节能，又保持了共直流母线功率的稳定，而且也没有较大瞬时耗能或回馈功率的出现。对于 20 台电机系统，除极个别情况外，系统直流母线功率始终为正，耗能状态电机完全吸收了制动状态电机再生的电能。

表 6.7　　　　　　　　　　　　顺序启动加协调调度仿真数据

组别	工况	最大耗能功率 /kW	系统耗能 /MJ	最大电阻耗能（回馈或储能）功率 /kW	电阻耗能（馈能或储能）/MJ	节约电能 /MJ	节电效率	最大储能容量 /kWh
6 台电机系统	电阻耗能	28.96	74.33	13.10	1.16	81.32	47.58	—
	储能或馈能	28.96	73.20	12.71	1.13	82.44	48.24	0.04
20 台电机系统	电阻耗能	57.86	292.11	3.87	0.00	276.01	48.52	—
	储能或馈能	57.86	292.11	3.76	0.00	276.01	48.52	0.00

从表 6.7 可以看出，采用顺序启动加协调调度算法后，系统的最大瞬时回馈功率和回馈能量都有下降，对于 20 台电机特别明显。20 台电机系统最大瞬时回馈功率分别从 13.64kW 和 13.23kW 降到 3.87kW 和 3.76kW，此时所需最大储能容量为零，说明系统在误差范围内不需要储能，实现了系统的最大限度节能。但为保障系统的正常运行，系统中仍须保留一定的储能容量作为冗余。

6.4　本章小结

本章主要做了以下工作。

（1）借助西门子公司开发的 S120 伺服控制驱动系统，建立了多电机共直流母线系统实验平台。

（2）在实验平台上，实验验证了所建模型的合理性与协调调度的可行性。

（3）通过对所建模型仿真，并与不共直流母线时相比，验证了共直流母线系统可以有效提高系统的节能效率及能量管理策略的有效性。

（4）通过加入协调调度算法与未加协调调度的仿真对比分析，验证了协调调度算法的有效性。通过协调调度不但可以使系统中耗能状态电机最大限度地吸收制动状态电机再生电能，实现系统最大限度节能，而且还可以减小直流母线功率波动，减小直流母线电压波动，进而有效减小系统对储能容量的需求，降低系统成本，提高系统性能。

第7章 总结与展望

7.1 研究工作总结

节能减排是社会发展的一项长远战略方针，也是当前一项紧迫任务。为回收和利用电机制动再生电能，多电机共直流母线系统应运而生。虽然共直流母线技术在生产实际中已得到应用，但其基础研究相对还较薄弱，系统在使用过程中还存在一些问题，因此建立多电机共直流母线系统模型，开展系统基础研究，对于提高系统性能非常重要。

鉴于多电机共直流母线系统的应用与研究现状，以及存在的问题，全书以多电动机共直流母线系统为研究对象，以系统建模为主线，用系统节能的观点，从系统结构出发，开展基础研究。通过分析系统组成，给出系统广义模型，重点研究系统的混杂系统建模方法，逐一建立广义模型中各子系统的混杂系统模型，进而得到系统的整体模型。在所建模型的基础上，开展能量管理策略与多电机协调调度算法的研究。总结本书的工作和研究成果，可以得到如下结论。

（1）通过总结多电机共直流母线系统的结构及其特点，根据耗能状态电机不能完全吸收制动状态电机再生能量的处理方法不同，将多电机共直流母线系统分为耗能结构系统、储能结构系统和馈能结构系统。在分析不同系统结构节电性能的基础上，提出了一种多电机协调调度与能量管理的多电机共直流母线储能结构系统。通过分析系统组成，得出系统的分层广义模型，根据各子系统的特点不同，采用不同的建模方法，分别建立系统中各子系统的混杂系统模型，进而得到系统整体模型。通过实验与仿真，验证了提出系统与所建模型的合理性。

（2）为建立多电机共直流母线系统中电力电子装置的模型，针对可控开关器件变换器常用建模方法存在的问题，开展了基于大信号分析的开关变换器切换系统建模方法研究。提出可控开关器件变换器切换系统统一模型，用模型中参数矩阵构造系统 Lyapunov 函数，证明了系统在切换平衡点的稳定性。给出滑模、渐近稳定、准平衡点 3 种不同切换律，并总结出建立该模型的一般方法和具体步骤。采用该建模方法通过对 DC - AC 变换器和 DC - DC

变换器的切换系统建模，验证了所建模型的合理性与建模方法的有效性。最后研究不可控开关器件变换器切换系统建模方法，建立三相不可控整流器的切换系统模型。

（3）通过对储能系统结构和功能的分析，构造储能系统等效电路。提出准切换平衡点的概念，建立阻容性负载模式下储能子系统的切换系统模型，并给出系统切换律。引入混杂自动机理论，把对电路的控制转换成对储能系统不同状态转移条件的控制，建立系统能量管理策略的混杂自动机模型，实现储能系统最大限度地吸收电机制动再生电能，并保持直流母线电压的稳定。

（4）通过在稳态活动周期图中引入连续变量和局域时钟，将用于离散事件的活动周期图建模方法推广至混杂系统，提出一种能适用于混杂系统的动态活动周期图建模方法，建立多电机子系统的动态活动周期图模型。实验仿真结果验证了建模方法的有效性和所建模型的合理性。

（5）通过对电机分布均匀度的定义，提出基于均匀分布理论的多电机协调调度算法。仿真结果表明，通过协调调度不但可以实现系统最大限度节能，减小直流母线功率波动，进而减小直流母线电压波动，而且还有效减小系统对储能容量的需求，降低系统成本，提高系统性能。

（6）以西门子公司开发的 SINAMICS S - 120 伺服控制驱动系统为基础，设计并搭建了多电机共直流母线系统的实验平台。通过实验平台开展多电机共直流母线系统实验研究。

7.2 研究展望

对多电机共直流母线系统的应用研究从最早的一篇文献来看，已有十多年了，而对其的基础研究相对还较少，可以说，刚开始起步。结合自己所做的工作，作者认为在这个领域有以下几个方面的问题和方向值得深入研究。

（1）研究多电机共直流母线系统的稳定域。在多电机共直流母线系统中，由于采用变频调速，使得负载表现出恒功率特性，一方面使得负载可以不受电源波动的影响，另一方面也导致了负阻抗特性，在系统参数设置不恰当以及扰动下系统容易失去稳定，从而不能正常工作。开展多电机共直流母线系统的稳定域研究，刻画出系统的稳定域，对于系统方案的设计很重要。

（2）开发多电机共直流母线系统的仿真软件。由于多电机共直流母线系统应用广泛，工况复杂，涉及的设备类型和数量较多，直接建立实验系统比较困难，即使建立了实验系统，其实验的范围也有限。根据已建立的仿真模型，开发多电机共直流母线系统的仿真软件，以服务于实际系统方案的设计。

（3）在生产实际的多电机共直流母线系统中，由于生产工艺的需要，各个电机的状态之间往往存在着某关联，研究针对某种工况、基于电机状态关联的协调调度算法与能量管理方法，以进一步提高节能效果与回馈能量回收率。

（4）将切换系统的开关变换建模方法，应用于实际系统设计的研究，对于提高开关变换器的性能具有十分重要的意义。

参 考 文 献

[1] 严陆光. 我国能源体系发展的主要趋势与特点 [J]. 电网与水力发电进展, 2008, 24 (1)：1-2.

[2] 田应奎. 中国能源发展战略重大问题研究 [J]. 中国能源, 2005, 27 (3)：17-22.

[3] 李磊, 严刚, 杨金田. 我国能源发展的环境约束分析 [J]. 能源环境保护, 2007, 21 (4)：1-5.

[4] 徐寿波. 中国能源发展战略变革综述 [J]. 电网与清洁能源, 2008, 24 (11)：1-5.

[5] 侯建朝, 谭忠富. 我国能源发展的国际对比及存在问题的解决途径 [J]. 中国电力, 2008, 41 (4)：1-5.

[6] 丛威, 周凤起, 康磊. 我国能源发展现状及对"十二五"能源发展的思考 [J]. 应用能源技术, 2010 (9)：1-6.

[7] 许志. 解决能源环境问题的新途径 [J]. 高科技与产业化, 2007 (6)：30-31.

[8] 严陆光. 构建我国可持续能源体系 [J]. 中国石油企业, 2007 (7)：14-15.

[9] 林志树. 当代集装箱码头节能项目研究及应用 [D]. 厦门：厦门大学, 2008.

[10] 田洪, 吴富生. 自动化码头的发展现状及趋势 [C]. 物流工程三十年技术创新发展之道, 2010：232-236.

[11] 李兆平. 实现油田抽油机电机节能的最佳途径 [J]. 油气田地面工程, 2002, 21 (3)：84-85.

[12] 史顺忠, 李建民, 裴庆斌, 等. 水泥企业电机节能探讨 [J]. 建材发展导向, 2008 (3)：47-49.

[13] 王爱元, 李洁, 任龙飞, 等. 变频器供电的异步电机节能控制运行的研究进展 [J]. 电机与控制应用, 2010, 37 (1)：34-39, 43.

[14] 王洪平, 王艳. 造纸企业电机节能降耗技术和方法 [J]. 中华纸业, 2008, 29 (10)：58-61.

[15] 周祖德, 谢鸣. 油田抽油机采用双馈电机节能技术的研究 [J]. 武汉理工大学学报, 2008, 33 (4)：114-117.

[16] 常晓清. 应用超级电容的轮胎式集装箱起重机节能特性研究 [D]. 上海：同济大学, 2007.

[17] 赵智, 鲍兵, 赵中山, 等. 基于采油系统的公共直流母线变频器结构分析及应用 [J]. 电气应用, 2008, 27 (14)：24-26.

[18] 许爱国, 谢少军, 姚远, 等. 基于超级电容的城市轨道交通车辆再生制动能量吸收系统 [J]. 电工技术学报, 2010, 29 (3)：117-123.

[19] 王万新. 公共直流母线在交流传动中的应用 [J]. 电气传动, 2002, 32 (5)：57-58.

［20］ 姚立柱，刘晋川. 基于公共直流母线的轻型电动轮胎式集装箱门式起重机控制系统设计［J］. 港口装卸，2009（6）：24 - 26.

［21］ 罗中柱. 直流母线供电的起重机动力系统：CN1945963［P］. 2007 - 4 - 11.

［22］ Rufer A，Barrade P. A supercapacitor - based energy - storage system for elevators with soft commutated interface［J］. Industry Applications，IEEE Transactions on，2002，38（5）：1151 - 1159.

［23］ Luri S，Etxeberria - Otadui I，Rujas A，et al. Design of a supercapacitor based storage system for improved elevator applications［C］. Energy Conversion Congress and Exposition（ECCE），2010 IEEE，2010：4534 - 4539.

［24］ Gay S E，Ehsani M. On - board electrically peaking drive train for electric railway vehicles［C］. Vehicular Technology Conference，2002 Proceedings VTC 2002 - Fall 2002 IEEE 56th，2002，1002：998 - 1001.

［25］ Rufer A，Hotellier D，Barrade P. A supercapacitor - based energy - storage substation for voltage - compensation in weak transportation networks［C］. Power Tech Conference Proceedings，2003 IEEE Bologna，2003，3：8.

［26］ Rufer A，Hotellier D，Barrade P. A supercapacitor - based energy storage substation for voltage compensation in weak transportation networks［J］. Power Delivery，IEEE Transactions on，2004，19（2）：629 - 636.

［27］ Louis R，David T，L S Brain Ng. Cutting traction power costs with wayside energy storage systems in rail transit systems［C］. Rail Conference，2005 Proceedings of the 2005 ASME/IEEE Joint，2005：187 - 192.

［28］ Taguchi Y，Ogasa M，Hata H，et al. Simulation results of novel energy storage equipment series - connected to the traction inverter［C］. Power Electronics and Applications，2007 European Conference on，2007：1 - 9.

［29］ Steiner M，Klohr M，Pagiela S. Energy storage system with ultracaps on board of railway vehicles［C］. Power Electronics and Applications，2007 European Conference on，2007：1 - 10.

［30］ Wijenayake AH，Gilmore T，Lukaszewski R，et al. Modeling and analysis of shared/common DC bus operation of AC drives：Part Ⅰ［C］. Industry Applications Conference，1997 Thirty - Second IAS Annual Meeting，IAS '97，Conference Record of the 1997 IEEE，1997，591：599 - 604.

［31］ 陈丹. 直流母线下多逆变器负载局域电力系统的研究［D］. 大连：大连海事大学，2010.

［32］ 李敏. 基于 PWM 整流器的直流母线系统建模与仿真［D］. 大连：大连海事大学，2009.

［33］ Barrero R，Tackoen X，Van Mierlo J. Improving energy efficiency in public transport：Stationary supercapacitor based Energy Storage Systems for a metro network［C］. Vehicle Power and Propulsion Conference，2008 VPPC '08 IEEE，2008：1 - 8.

［34］ Pavel D，Lubos S. The energy storage system with supercapacitor for public transport［C］. Vehicle Power and Propulsion Conference，2009 VPPC '09 IEEE，2009：1826 - 1830.

［35］ Sang - Min Kim，Seung - Ki Sul. Control of Rubber Tyred Gantry Crane with Energy Storage Based on Supercapacitor Bank ［C］. Power Electronics Specialists Conference，2005 PESC '05 IEEE 36th，2005：262 - 268.

［36］ Zhang Y C，Wu L L，Hu X J，et al. Model and control for supercapacitor - based energy storage system for metro vehicles ［C］. Electrical Machines and Systems，2008 ICEMS 2008 International Conference on，2008：2695 - 2697.

［37］ Zhang Y C，Wu L L，Zhu X J，et al. Design of supercapacitor - based energy storage system for metro vehicles and its control rapid implementation ［C］. Vehicle Power and Propulsion Conference，2008 VPPC '08 IEEE，2008：1 - 4.

［38］ Goebel R，Sanfelice R，Teel A. Hybrid dynamical systems ［J］. Control Systems，IEEE，2009，29（2）：28 - 93.

［39］ 仝庆贻. 混杂系统稳定性及其在电力系统中的应用研究 ［D］. 杭州：浙江大学，2004.

［40］ 仝庆贻，颜钢锋，赵光宙. 微分代数混杂系统稳定性及其在电力系统中的应用 ［J］. 电工技术学报，2004，24（6）：51 - 57.

［41］ 颜钢锋，仝庆贻，赵光宙. 基于混杂系统理论的电力系统电压稳定性研究 ［J］. 浙江大学学报（工学版），2005，39（5）：637 - 642.

［42］ Bjelogrlic M，Calovic M S，Babic B S，et al. Application of Newton's optimal power flow in voltage/reactive power control ［C］. Power Industry Computer Application Conference，1989 PICA '89，Conference Papers，1989：105 - 111.

［43］ Hiskens I A，Pai M A. Trajectory sensitivity analysis of hybrid systems ［J］. Circuits and Systems I：Fundamental Theory and Applications，IEEE Transactions on，2000，47（2）：204 - 220.

［44］ Chen L，Aihara K. Bifurcation analysis of hybrid dynamical systems ［C］. Systems，Man，and Cybernetics，1998 1998 IEEE International Conference on，1998，851：857 - 862.

［45］ Koutsoukos N D，Antsaklis P J，He K X，et al. Programmable timed Petri nets in the analysis and design of hybrid control systems ［C］. Decision and Control，1998 Proceedings of the 37th IEEE Conference on，1998，1612：1617 - 1622.

［46］ 赵洪山，米增强，牛东晓，等. 利用混杂系统理论进行电力系统建模的研究 ［J］. 中国电机工程学报，2003，23（1）：20 - 25.

［47］ 徐大平，高峰，吕跃刚. 基于混杂系统的风力发电机组建模与控制 ［J］. 动力工程，2009，29（4）：369 - 374.

［48］ 秦琳琳，石春，吴刚，等. 基于混杂系统的温室天窗温度系统建模 ［J］. 系统仿真学报，2010，22（4）：833 - 836.

［49］ 马皓，祁峰，张霓. 基于混杂系统的 DC - DC 变换器建模与控制 ［J］. 中国电机工程学报，2007，27（36）：92 - 96.

［50］ 马红波. 升压型 DC - DC 开关变换器的混杂建模与控制研究 ［J］. 铁道学报，2010，32（4）：50 - 55.

［51］ 吴爱国. DC - DC 变换器的大信号建模及鲁棒控制方法 ［J］. 电子学报，2001，29（5）：649 - 652.

［52］ 尹丽云. DC/DC 开关变换器建模及其非线性控制研究 ［D］. 南宁：广西大学，2007.

［53］ 张涌萍. DC - DC 变换器双线性系统建模及基于李亚普诺夫直接法的控制方法 ［J］. 中国电机工程学报，2008，28（9）：7 - 11.

［54］ 郑雪生，李春文，戎袁杰. DC/AC 变换器的混杂系统建模及预测控制 ［J］. 电工技术学报，2009，24（7）：87 - 92.

［55］ 陆益民. DC/DC 变换器的切换仿射线性系统模型及控制 ［J］. 中国电机工程学报，2008，28（15）：16 - 22.

［56］ 张逸成. 带阻容负载的能量存储系统建模与稳定性分析 ［J］. 系统仿真学报，2010，22（3）：733 - 737.

［57］ 林健. 三阶段法与活动周期图 ［J］. 北京航空航天大学学报，1995，21（3）：76 - 82.

［58］ 王维平. 离散事件系统建模与仿真 ［M］. 北京：科学出版社，2007.

［59］ Paul R J. Activity Cycle Diagrams and the Three Phase Method ［C］. Simulation Conference Proceedings，1993 Winter，1993：123 - 131.

［60］ Li J F，Tang T H，Wang T，et al. Modeling and simulation for common DC bus multi - motor drive systems based on activity cycle diagrams ［C］. Industrial Electronics (ISIE)，2010 IEEE International Symposium on，2010：250 - 255.

［61］ Clenentson A T. Extended control and simulation language ［J］. The computer Journal，1966，（9）：215 - 220.

［62］ Paul R J. The computer aided simulation modeling environment：an overvies. Proceeding of the 1992 WSC，1992：737 - 746.

［63］ Mathewson S C. Simulation program generator ［J］. SIMATION，1974，23（6）：181 - 189.

［64］ Hutchison G K. An introduction to CAPS - computer aided programming for simulation ［J］. 1975，7（1）：15 - 23.

［65］ Roberts P D. Using Simulation to Solve Problems ［J］. Electronics and Power，1977，23（10）：845.

［66］ Britwistle G M. Discrete event modeling on SIMULA ［M］. London：Macmillan，1979.

［67］ Martinez J C. EZStrobe - general - purpose simulation system based on activity cycle diagrams ［C］. Simulation Conference Proceedings，1998 Winter，1998，341：341 - 348.

［68］ Martinez J C. EZStrobe - general - purpose simulation system based on activity cycle diagrams ［C］. Simulation Conference，2001 Proceedings of the Winter，2001，1552：1556 - 1564.

［69］ De Lara Araujo Filho W，Hirata C M. Translating activity cycle diagrams to Java simulation programs ［C］. Simulation Symposium，2004 Proceedings 37th Annual，2004：157 - 164.

［70］ Tiwari M K，Chandrasekaran M，Mohanty R P. Use of timed petri net and activity cycle diagram methodologies for modelling tandem AGVs in FMSs and their performance evaluation ［J］. International Journal of Computer Integrated Manufacturing，2001，14（4）：399 - 408.

[71] 崔桂梅，穆志纯，郝智红. 多电机拖动变频调速系统再生能量调度控制 [J]. 高电压技术，2005，31 (4)：24 - 25.

[72] 王波，段军，卿晓霞. 一种改进调度算法的电梯节能新技术 [C]. 第六届国际绿色建筑与建筑节能大会：北京，2010：181 - 185.

[73] 沈玉霞，陈意惠，薛士龙. 基于能量管理的船舶电力监控系统 [J]. 上海海事大学学报，2010，31 (4)：36 - 39.

[74] 王坤林，游亚戈，张亚群. 海岛可再生独立能源电站能量管理系统 [J]. 电力系统自动化，2010，34 (14)：13 - 17.

[75] 陈昌松，段善旭，殷进军，等. 基于发电预测的分布式发电能量管理系统 [J]. 电工技术学报，2010，29 (3)：150 - 156.

[76] 廖志凌，阮新波. 独立光伏发电系统能量管理控制策略 [J]. 中国电机工程学报，2009，29 (21)：46 - 52.

[77] 吴理博，赵争鸣，刘建政，等. 独立光伏照明系统中的能量管理控制 [J]. 中国电机工程学报，2005，25 (22)：46 - 52.

[78] 李光明. 风光互补发电系统能量管理和控制研究 [D]. 广州：华南理工大学，2010.

[79] 王宏，李兵. 分布式风光互补电源的能量管理策略 [J]. 电力电子技术，2010，44 (6)：58 - 60.

[80] Chan C L, Hu E P, Grizzle J W, et al. Power management strategy for a parallel hybrid electric truck [J]. Control Systems Technology, IEEE Transactions on, 2003, 11 (6)：839 - 849.

[81] Hajimiri M H, Salmasi F R. A Fuzzy Energy Management Strategy for Series Hybrid Electric Vehicle with Predictive Control and Durability Extension of the Battery [C]. Electric and Hybrid Vehicles, 2006 ICEHV06 IEEE Conference on, 2006：1 - 5.

[82] Salmasi F R. Control Strategies for Hybrid Electric Vehicles：Evolution, Classification, Comparison and Future Trends [J]. Vehicular Technology, IEEE Transactions on, 2007, 56 (5)：2393 - 2404.

[83] Sibo W, Zhiping Q, Tongzhen W. Fuzzy logic energy management strategy for super-capacitor - based energy saving system for variable - speed motor drives [C]. Electrical Machines and Systems, 2008 ICEMS 2008 International Conference on, 2008：1473 - 1478.

[84] Yu S, Zhang J, Wang L. Power Management Strategy with Regenerative Braking For Fuel Cell Hybrid Electric Vehicle [C]. Power and Energy Engineering Conference, 2009 APPEEC 2009 Asia - Pacific, 2009：1 - 4.

[85] 李炯，张承宁. 基于混合系统理论的电动汽车能量管理策略 [J]. 系统仿真学报，2006，18 (10)：2932 - 2935.

[86] 周艳. 混合动力汽车能量管理系统的模糊控制研究 [D]. 武汉：武汉理工大学，2008.

[87] 李国. 混合动力电动汽车用超级电容器组能量管理系统 [D]. 锦州：辽宁工学院，2007.

[88] 李卫民. 混合动力汽车控制系统与能量管理策略研究 [D]. 上海：上海交通大学，2008.

［89］ 李方园. 通用变频器共用直流母线方案的设计与应用［J］. 电工技术杂志，2004，
(6)：32 - 34.

［90］ 黄柏成. 共用直流母线的电梯节能控制系统［J］. 建筑电气，2007，26 (7)：8 - 10.

［91］ 李怡然. 多电动机共用直流母线变频调速系统的应用［J］. 变频器世界，2008，
(02)：71 - 72，86.

［92］ 李方园. 共直流母线在造纸变频传动控制中的研究与应用［J］. 电气传动，2008，
38 (3)：25 - 28，49.

［93］ 周志敏，周纪海，纪爱华. 变频调速系统工程设计与调试［M］. 北京：人民邮电出
版社，2009.

［94］ 陈国平. 节能型电机制动系统的研究［D］. 上海：东华大学，2007.

［95］ 陈朗. 超级电容在城市轨道交通系统中的应用［J］. 都市快轨交通，2008 (3)：
76 - 79.

［96］ 王明飞. 城市轨道交通再生电能吸收装置［J］. 城市轨道交通研究，2009 (2)：
62 - 64.

［97］ Witsenhausen H S. A class of hybrid - state conitnuous - time dynamic systems［J］.
IEEE TransOn Automatic Control，1966，11 (6)：665 - 683.

［98］ 吴锋，刘文煌，郑应平. 混杂系统研究综述［J］. 系统工程，1997，15 (2)：1 -
7，16.

［99］ Athans M. Command and control (C2) theory：A challenge to control science［J］.
Automatic Control，IEEE Transactions on，1987，32 (4)：286 - 293.

［100］ Philippos P，Ragmond D. A Modeling Strategy for Hybrid Systems Based on Event
Structures［J］. Discrete Event Dynamic Systens：Theory and Applications，1993
(3)：39 - 69.

［101］ 张悦. 混杂系统建模与控制方法研究［D］. 保定：华北电力大学 (河北)，2008.

［102］ 李卫东，刘日锋. 混杂系统研究综述［J］. 自动化技术与应用，2008 (1)：1 - 4.

［103］ Alur R，Henzinger T A，Pei - Hsin H. Automatic symbolic verification of embedded
systems［J］. Software Engineering，IEEE Transactions on，1996，22 (3)：
181 - 201.

［104］ Alur R，Kurshan R P，Viswanathan M. Membership questions for timed and hybrid
automata［C］. Real - Time Systems Symposium，1998 Proceedings，The 19th
IEEE，1998：254 - 263.

［105］ Peleties P，DeCarlo R. An example of switched system analysis via symbolic
dynamics and Petri nets［C］. Decision and Control，1993，Proceedings of the 32nd
IEEE Conference on，1993，301：300 - 305.

［106］ Peleties P，DeCarlo R. Asymptotic stability of m - switched systems using Lyapunov
functions［C］. Decision and Control，1992，Proceedings of the 31st IEEE
Conference on，1992，3434：3438 - 3439.

［107］ Wicks M A，Peleties P，DeCarlo R A. Construction of piecewise Lyapunov functions
for stabilizing switched systems［C］. Decision and Control，1994，Proceedings of
the 33rd IEEE Conference on，1994，3494：3492 - 3497.

［108］ 郑刚，谭民，宋永华. 混杂系统的研究进展［J］. 控制与决策，2004，19 (1)：7 -

11，16.

[109]　Middlebrook R D. Small‐signal modeling of pulse‐width modulated switched‐mode power converters [J]. Proceedings of the IEEE, 1988, 76 (4): 343‐354.

[110]　Erickson R W. Fundamentals of power electronics [M]. New York: Chapman and Hall, 1997.

[111]　Ciccarelli F, Lauria D. Sliding‐mode control of bidirectional dc‐dc converter for supercapacitor energy storage applications [C]. Power Electronics Electrical Drives Automation and Motion (SPEEDAM), 2010 International Symposium on, 2010: 1119‐1122.

[112]　Zhong Y, Zhang J C, Li G Y, et al. Mathematical model of new bi‐directional DC‐AC‐DC converter for supercapacitor energy storage system in photovoltaic generation [C]. Electric Utility Deregulation and Restructuring and Power Technologies, 2008 DRPT 2008 Third International Conference on, 2008: 2686‐2690.

[113]　Zhan L C, Wei R C, Qi L, et al. Modeling and Dynamic Simulation of an Efficient Energy Storage Component‐Supercapacitor [C]. Power and Energy Engineering Conference (APPEEC), 2010 Asia‐Pacific, 2010: 1‐4.

[114]　冷朝霞，刘健，刘庆丰，等. 开关 DC/DC 变换器的统一离散模型 [J]. 电工技术学报，2009，28 (4): 114‐120.

[115]　Zainea M, Godoy E, Buisson J, et al. The open‐loop control for the start‐up of a double resonance converter using a hybrid systems approach [C]. Computer Aided Control System Design, 2006 IEEE International Conference on Control Applications, 2006 IEEE International Symposium on Intelligent Control, 2006 IEEE, 2006: 367‐372.

[116]　付主木，费树民，高爱云. 切换系统的控制 [M]. 北京: 科学出版社, 2007.

[117]　胡宗波，张波，邓卫华. Buck 变换器混杂动态系统的能控性和能达性 [J]. 华南理工大学学报（自然科学版），2004，32 (7): 23‐27.

[118]　胡宗波，张波，邓卫华，等. PWM DC‐DC 变换器混杂动态系统的能控性和能观性 [J]. 电工技术学报，2005，24 (2): 76‐82.

[119]　胡宗波，张波，邓卫华，等. 基于切换线性系统理论的 DC‐DC 变换器控制系统的能控性和能达性 [J]. 中国电机工程学报，2004，24 (12): 165‐170.

[120]　Willem L D K. Digital optimal reduced‐order control of pulse‐width‐modulated switched linear systems [J]. Automatica, 2003, 39 (11): 1997‐2003.

[121]　程代展，郭宇骞. 切换系统进展 [J]. 控制理论与应用，2005，22 (6): 954‐960.

[122]　Liberzon D, Morse A S. Basic problems in stability and design of switched systems [J]. Control Systems Magazine, IEEE, 1999, 19 (5): 59‐70.

[123]　李琼林，刘会金，宋晓凯，等. 基于切换系统理论的三相变流器建模及其稳定性分析 [J]. 电工技术学报，2009，28 (11): 89‐95.

[124]　Messaj M, Zaytoon J, Riera B. Using neural networks for the indentification of a calss of hybrid dynamic systems [C]. Proceedings of IFAC Conference on Analysis and Design of Hybrid Systems, 2006, 6: 217‐222.

[125]　Xu X P. Analysis and design of switched systems [D]. Notre Dame: University of

Notre Dame Doctoral Dissertation，2001.

[126] Cassandras C G，Alessandro G，Carla S. DEDS special issue on discrete event methodologies for hybrid systems [J]. Discrete Event Dynamic Systens，2008，18（2）：161 - 162.

[127] Jean B，Pierre Y R，Herve C. On the stabilisation of switching electrical power converters [C]. Proceedings of 8th International Workshop on Hybrid Systems：Computation and Control. Switzerland，2005.

[128] 王司博，韦统振，齐智平. 超级电容器储能的节能系统研究 [J]. 中国电机工程学报，2010，30（9）：105 - 110.

[129] 张丹丹，罗曼，陈晨，等. 超级电容器 - 电池复合脉冲电源系统的试验研究 [J]. 中国电机工程学报，2007，27（30）：26 - 31.

[130] Dixon J，Bosch S，Castillo C，et al. Ultracapacitors as unique energy storage for a city - car using five - level converter [C]. Industrial Electronics，2009 IECON '09 35th Annual Conference of IEEE，2009：3854 - 3859.

[131] Ortuzar M，Moreno J，Dixon J. Ultracapacitor - Based Auxiliary Energy System for an Electric Vehicle：Implementation and Evaluation [J]. Industrial Electronics，IEEE Transactions on，2007，54（4）：2147 - 2156.

[132] Drolia A，Jose P，Mohan N. An approach to connect ultracapacitor to fuel cell powered electric vehicle and emulating fuel cell electrical characteristics using switched mode converter [C]. Industrial Electronics Society，2003 IECON '03 The 29th Annual Conference of the IEEE，2003，891：897 - 901.

[133] 唐雄民，易娜，彭永进. 一种基于有限状态机的电力电子电路控制方法的研究 [J]. 电工电能新技术，2006，25（3）：25 - 28.

[134] Rosaxio L C，Luk P C K. Power and energy management policy implementation ot a dual energy source electric vehicle [C]. Power Electronics，Machines and Drives，2006 PEMD 2006 The 3rd IET International Conference on，2006：464 - 468.

[135] Ocaya R O，Wigdorowitz B. Application of finite state machines in hybrid simulation of dc - dc converters [C]. AFRICON 2007，2007：1 - 4.

[136] 梁艳. 计量供暖系统的混杂自动机建模与控制策略研究 [D]. 北京：北京工业大学，2004.

[137] 马幼婕，王新志，刘昂，等. 混杂动态系统理论及其在电力系统中的应用 [J]. 天津师范大学学报（自然科学版），2006，26（4）：68 - 72.

[138] 王晓冬，米增强，赵洪山，等. 基于 Petri 网技术的继电保护建模研究 [J]. 华北电力大学学报，2004，31（2）：20 - 23.

[139] 吕书强. 基于 Petri 网模型的混杂电力系统紧急控制 [D]. 北京：北京工业大学，2001.

[140] 吕书强，秦世引，宋永华. 混杂电力系统频率紧急控制的 Petri 网建模与仿真 [J]. 电力系统自动化，2001，25（6）：4 - 8.

[141] Bimal K B. Modern power electronics and AC drives [M]. USA：Prentice Hall PTK，2002.

[142] 曹锦娟，于帆. 基于事件调度的 Petri 网仿真算法设计 [J]. 计算机与数字工程，

2009，37（10）：164 - 167.

[143] 汤道宇，王少萍. 基于事件调度的随机 Petri 网仿真 [J]. 系统仿真学报，2004，16（3）：551 - 554，559.

[144] Hyung - Min Ryu，Sung - Jun Kim，Seung - Ki Sul，et al. Dynamic load simulator for high - speed elevator system [C]. Power Conversion Conference，2002 PCC Osaka 2002 Proceedings of the，2002，882：885 - 889.